海洋石油井架

质量安全技术

张士超 何宝林 李彪彪◎著

中国石化出版社

·北京·

内容提要

本书系统地介绍了海洋石油井架质量及安全相关技术，从海洋井架概念及现状入手，参照井架制造及使用的时间顺序，依次介绍了井架制造阶段质量控制、井架在役期间的隐患排查、质量检验和安全检测、有限元分析及安全分级评价等内容。此外，针对修井机钻完井作业及台风环境两种特殊工况下的井架安全风险，进行了详细的研究及论述。最后，简要概述了井架数字化安全管控技术，并对井架安全运维进行了技术展望。

本书可供海洋井架质量控制、使用维保、检验检测及评估评价等专业技术人员参考使用。

图书在版编目(CIP)数据

海洋石油井架质量安全技术/张士超，何宝林，
李彪彪著. --北京：中国石化出版社，2024.9. --ISBN
978-7-5114-7684-5

Ⅰ.①TE95

中国国家版本馆 CIP 数据核字第 2024W1E524 号

未经本社书面授权，本书任何部分不得被复制、抄袭，或者以任何形式或任何方式传播。版权所有，侵权必究。

中国石化出版社出版发行

地址：北京市东城区安定门外大街 58 号
邮编：100011　电话：(010)57512500
发行部电话：(010)57512575
http://www.sinopec-press.com
E-mail:press@sinopec.com
天津嘉恒印务有限公司印刷
全国各地新华书店经销

*

787 毫米×1092 毫米 16 开本 11.75 印张 291 千字
2024 年 9 月第 1 版　2024 年 9 月第 1 次印刷
定价:68.00 元

前　言

井架是海洋石油钻机和修井机的重要组成部分，需要其在钻完修井作业过程中满足强度、刚度及稳定性要求。海洋井架结构空间复杂，长期处于恶劣的海洋环境中并承受多种工况组合作用。随着服役时间的增加，井架不可避免地会出现损伤老化现象，这在不同程度上影响了结构的完整性，并削弱了结构的承载能力，增大了井架结构服役期间失效的可能性。

中国海洋石油集团有限公司现有海上各型井架超过200台套，海洋井架由于其特殊的空间结构及服役环境，其质量与安全性能直接影响钻完修井作业安全。鉴于此，在结合中国海油钻机及修井机安全管理要求及检验检测现状的前提下，对当前井架质量安全技术进行全面、系统的梳理。从制造阶段的质量控制，到在役期间的隐患排查、检验检测、应力分析及安全评估评价，再到数字化转型等均进行了研究。通过技术研究及现场应用，形成了一整套全面的井架质量安全评估技术。

希望本书的出版，可为提高中国海油井架质量安全管控技术水平提供帮助，并加快实现海洋井架质量管控、安全风险评估及预警技术向数字化、智能化的转型，促进井架质量安全技术发展，为海洋石油钻完修井作业提供安全技术保障。

本书共计10章。第1章为井架概述；第2章为井架制造阶段质量控制；第3章为在役井架隐患排查；第4章为在役井架检验检测；第5章为井架有限元分析；第6章为井架安全分级评价；第7章为修井机井架钻井作业安全风险评估；第8章为台风环境下井架安全风险评估；第9章为井架数字化安全管控技术；第10章为井架安全运维技术展望。此外，在本书最后还附多个井架作业安全分析表供作业人员参考。

　　本书受到中海油安全技术服务有限公司科技项目《海洋石油井架数智化安全管控技术研究》(HFKJ-AH-STS202321)的资助。本书由张士超、何宝林、李彪彪著，参与本书编写的还有黄儒康、陈小伟、王鹏、曹义威、高凤彬、刘占鹏、时永刚、张向阳、李荣新、李建伟、崔思淼等。此外，在开展相关技术研究及成果转化工作中，刘英凡、李荣飞、胡军、乔贵民、吴奇兵、孙贺、陈泽光、黄远雷等领导及同事给予了多方面的支持与帮助，在此一并表示衷心的感谢！

　　限于编者技术水平，书中诸多不妥之处，欢迎专家和广大读者批评指正。

目　　录

1 概　述

海洋石油井架是海洋平台钻机或修井机的关键设备，用于安放天车、悬挂游车大钩和吊环、吊钳等提升设备与工具，及起下和存放钻完修井管柱等。

1.1　常见术语和定义

为方便读者阅读及理解，结合相关标准及工程实践，对涉及海洋井架相关术语及定义进行梳理说明如下：

（1）平台钻机 platform drilling rig

安装在海洋石油平台上，实现钻完井、修井作业功能的装置。

（2）海洋修井机 offshore workover rig

适应于海洋环境，安装在海洋平台的石油修井装置。

（3）名义钻井深度 nominal range drilling depth

钻机在规定的钻井绳数下，使用规定的钻柱时的经济钻井深度范围。

（4）名义修井深度 nominal workover depth

修井机在规定的修井绳数下，用不同的管柱修井时的最大修井深度。名义小修深度为用油管修井的名义修井深度；名义大修深度为用钻杆修井时的名义修井深度。

（5）最大钩载 maximum hook load

根据材料强度和规定的安全系数确定的设备能承受的最大载荷，即钻机和修井机在最多绳数下，大钩所能提升的最大载荷，包括静载荷和动载荷。

（6）额定钩载 rating hook load

修井机在规定的修井绳数下，正常修井作业中允许大钩承受的由最大钻柱或管柱在空气中的重量所产生的载荷。

（7）设计载荷 design load

结构设计承受的不超过任何构件内许用应力的力或力的组合。

（8）承载能力 load – carrying capacity

钻机、修井机井架结构考虑强度、稳定或疲劳等因素后所能承受的最大载荷。

（9）最大许用应力 maximum allowable stress

规定的最小屈服强度除以设计安全系数。

（10）设计安全系数 design safety factor，DSF

在材料最大许用应力与规定的最小屈服强度之间考虑一定安全余量的系数。

（11）设计参考风速 design reference wind velocity

用于对预期钻井位置合理周期的重现，在10m（33ft）参考高度，3s阵风条件下的风速。

（12）最大额定设计风速 maximum rated design wind velocity

通过陆上或海洋系数对10m（33ft）参考高度，3s阵风进行结构安全级别（SSL）调整之后的风速，用来计算钻井结构设计所能承受的力。

（13）关键区域 critical area

主承载件上的高应力区域。

（14）主要构件 primary element

其失效影响钻机和修井机结构整体完整性的构件，如主支撑结构、井架立柱等。

（15）次要构件 secondary element

其失效不影响钻机和修井机结构整体完整性的构件。

（16）关键焊缝 critical weld

连接关键零部件的焊缝。

（17）产品规范级别 product specification level，PSL

涵盖设备主承载件材料和过程控制的级别。

（18）结构安全级别 structural safety level，SSL

采购方对钻井结构的应用进行分类，以反映各种不同程度的失效结果，其中考虑了生命安全以及污染、经济损失、公众利益等诸多事项。

（19）井架高度 derrick height

由钻台面至天车梁底平面的垂直距离。

1.2　海洋井架介绍

1.2.1　海洋井架类型

海洋石油井架常见结构主要分为以下几种类型。

（1）塔式井架。四侧构件的横截面为正方形或矩形结构的塔架。井架主体由四扇平面梯形桁架组成，每扇又分为若干桁格，同一高度的四面桁格在空间构成井架的一层，故整个井架也可视为由多层空间桁架组成，详见图1－1（a）。塔式井架的突出特点是整体稳定性大、承载能力强，多用于海洋自升式及半潜式钻井平台钻机。

（2）前开口K型井架。一种为自升式套装井架［图1－1（b）］。整个井架主体由3～5段焊接结构组成，段间采用锥销定位和螺栓连接。为了方便游系设备上下运行和立根排放，井架主体做成前扇敞开、横截面为开口矩形（Ⅱ形）的不封闭空间结构。整体刚度大但稳定性较塔式井架差，有的井架最上段做成四边封闭结构以增强其稳定性。该型井架结构常用于海洋石油模块钻机。另一种为伸缩式井架［图1-1（c）］：一般分为井架上段、井架下段、井架基段三部分。伸缩式井架的特点是：占地小、起升方便、维护简便、安装其他设备易起易放。该型井架常见于海洋修井机，特别适合井口小平台使用。

（3）格构式钢结构液压双钻塔

与传统单钻塔相比，双钻塔同时工作，可实现边钻井作业边处理钻具。此外，传统钻机井架提升系统工作依靠钻井绞车，操作不便且速度慢，全液压自动提升系统将电驱动变成了液压驱动，钻井效率显著提高。该型井架用于海洋半潜式钻井平台钻机，详见图1-1（d）。

（4）实腹式钢结构双钻塔

实腹式钢结构双钻塔整体结构采用焊接完成，减少连接螺栓的数量，极大地降低了高空坠物的风险。该型钻塔配置双钻井绞车提升系统，可独立或者同时操作，增加了设备冗余的安全，可实现主、辅井口同时作业，综合作业效率明显提高。此外，该型钻塔具有自动滑移大绳功能，保证大绳均匀磨损，提供更为安全高效的设备性能。该型井架用于海洋半潜式钻井平台钻机，详见图1-1（e）。

(a)塔式井架　　　　　　　(b)自升式套装井架　　　　　　(c)伸缩式井架

(d)格构式钢结构液压双钻塔　　　　　　(e)实腹式钢结构双钻塔

图1-1　海洋石油井架常见结构类型

1.2.2　海洋井架在平台布局特点

井架在平台上的空间布局，依据所处海洋石油设备设施类型有不同的方式。

（1）固定平台模块钻机和修井机井架布局

固定平台根据作业需求通常需要在井口区设置多个井口槽。模块钻机或修井机在作业过程中，井架位置会根据不同的井口进行相应的调整。井架可依靠底座和固定在上甲板的滑轨沿井口区进行横向或纵向移动，保证井架按照设计要求对中平台的任一井口，顺利进行钻完修井作业。此外，模块钻机或修井机可沿轨道滑离平台井口区，给自升式钻井平台靠泊固定平台进行钻完井作业提供条件。固定平台模块钻机或修井机井架典型布置示意见图 1 − 2、图 1 − 3。

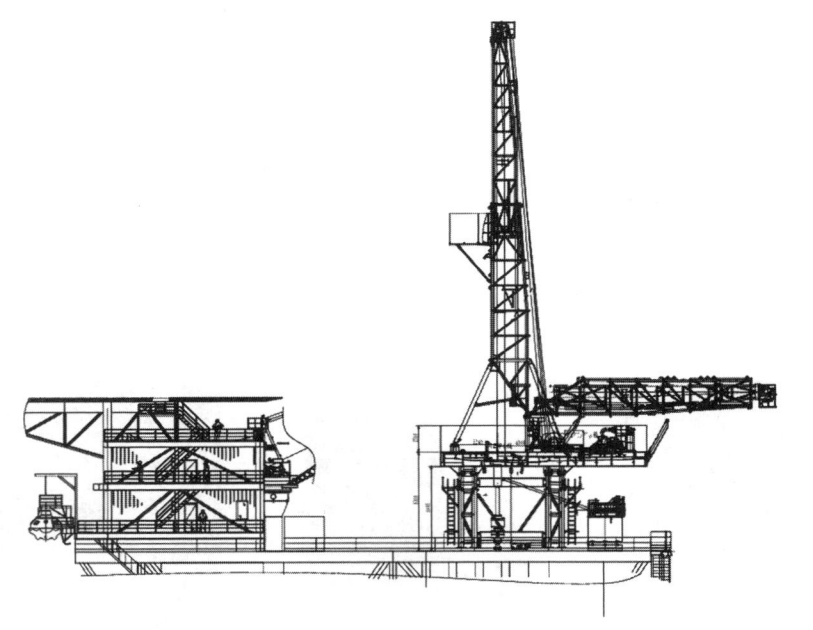

图 1 − 2　固定平台井架立面布置图

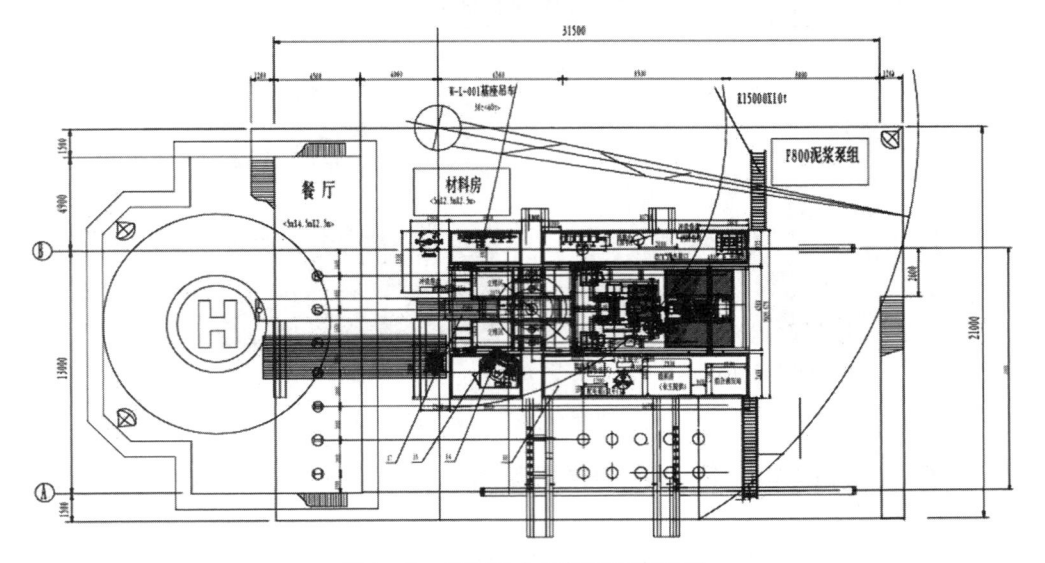

图 1 − 3　固定平台井架平面布置图

（2）自升式钻井平台井架布局

目前海洋石油在役自升式钻井平台多为带独立桩靴的三角形桁架桩腿结构船体，从上方看船体基本上呈三角形。在船艉位于船体中心线位置有悬臂梁，它支撑钻台上、下底座和管架区。悬臂梁结构大体上分为三个区域：钻台区、铺管甲板区和中间区。井架固定在钻台上，通过悬臂梁的纵向移动和钻台的横向移动，来实现井架在海上不同井位的钻完井作业。自升式钻井平台井架典型布置示意见图1－4、图1－5。

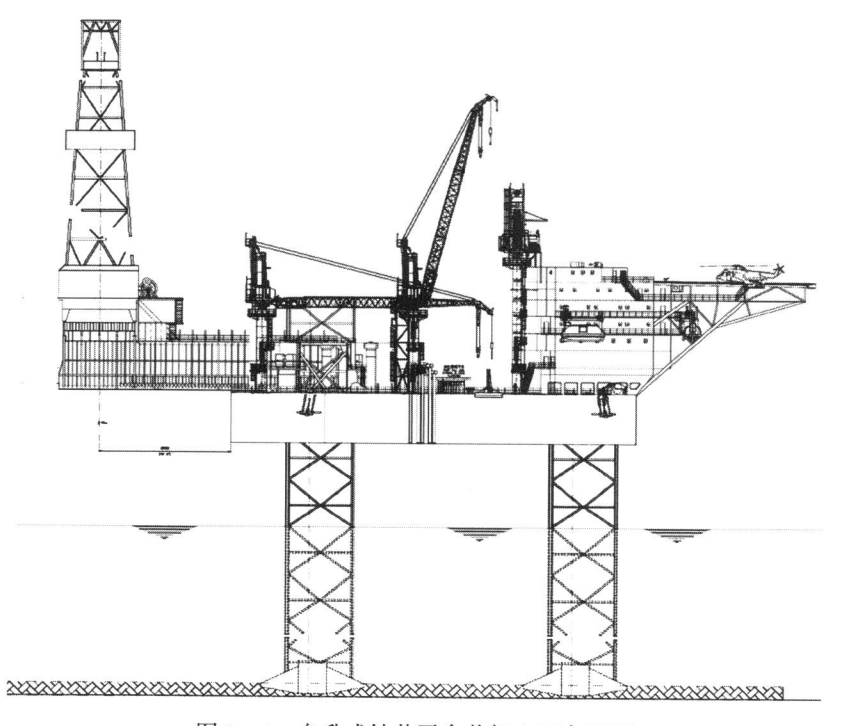

图1－4　自升式钻井平台井架立面布置图

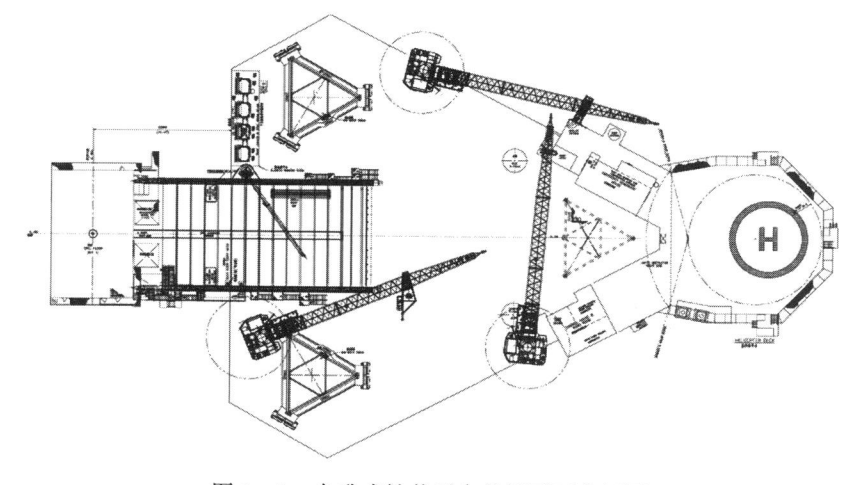

图1－5　自升式钻井平台井架平面布置图

（3）半潜式钻井平台井架布局

半潜式钻井平台井架布局在满足平台整体布置、钻井工艺流程及各设备功能要求的前提下，还要做到布局合理、操作方便、空间宽敞。通常情况下，半潜式钻井平台井架布置在平台居中位置，以保证平台重心和浮心坐标位置居中。半潜式钻井平台井架典型布置示意见图1-6、图1-7。

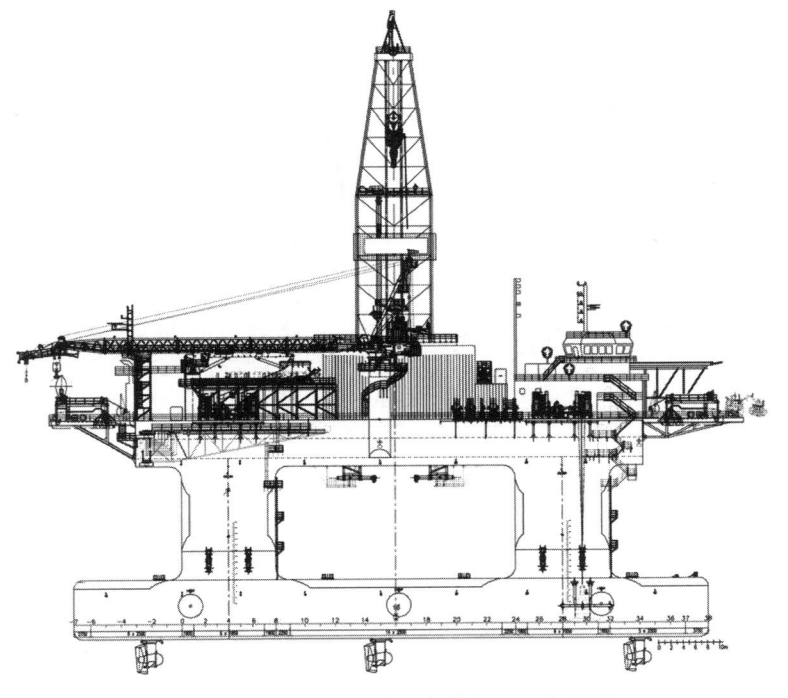

图1-6　半潜式钻井平台井架立面布置图

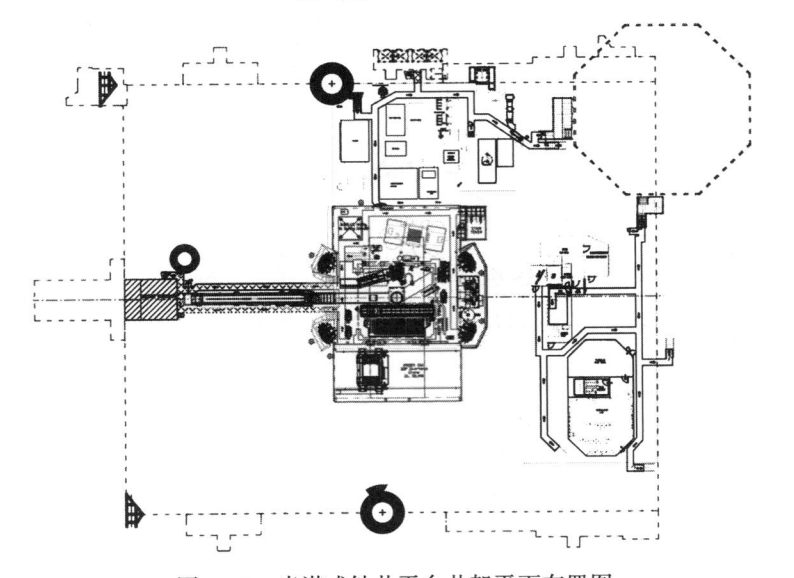

图1-7　半潜式钻井平台井架平面布置图

1.2.3 海洋井架构成

为方便理解井架构成，在此以海洋石油常见的伸缩式井架结构为例进行说明。该型井架多为型钢组成的空间钢架结构。井架设计为前开口、无绷绳、双节套装伸缩式井架，主要由井架上体、井架下体、井架底座(也称基座、人字架)、天车、上下体锁紧承载机构、吊钳平衡装置、立管、放空管、笼梯、二层工作台、大钩托架等组成。井架整体结构示意如图1-8所示。

图1-8 井架整体结构

1.2.3.1 井架主体

井架本体主要由井架上体、井架下体组成，为空间桁架结构，具体主要由四根立柱、背面和两侧面的横撑、斜撑、内外门框及各种连接绞支座组成。井架上体安装有天车、游车大钩托架、上体笼梯、伸缩液缸安装装置等部件；井架下体安装立管总成、二层工作台、逃生装置、伸缩液缸连接装置、承载机构、吊钳平衡装置、下体笼梯等部件。井架背面斜撑布置呈对称米字结构，侧面斜撑布置呈平行结构，以增加井架的安全稳定性。井架主体结构示意如图1-9所示。

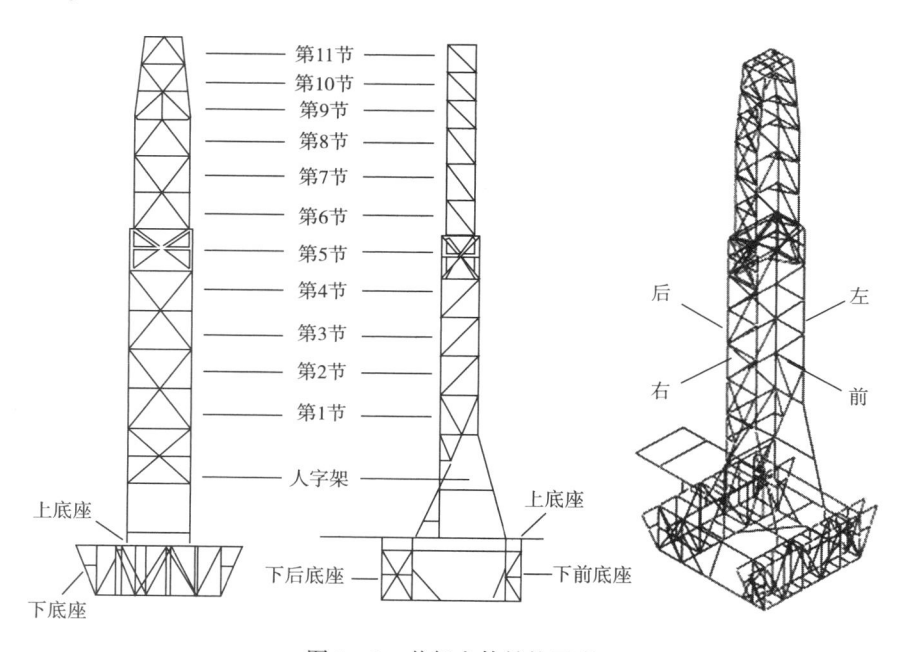

图1-9 井架主体结构示意

（1）井架上体

井架上体是井架系统上部的主要承载钢架结构件，它可以在下体内移动，其受力主要是来自天车上部的载荷、环境风载和立根载荷等。井架上体主要由四根立柱、背面和两侧面横撑、斜撑、内门框和梯子等组成。

（2）井架下体

井架下体是井架的主要承载钢架结构件，井架下体内部有井架上体上下移动的滑道，其受力主要是来自井架上体的载荷和环境风载等。井架下体主要由四根立柱、背面和两侧面的横撑、斜撑、外门框、各种连接支座等组成。

1.2.3.2　二层台

二层台全称为二层工作台，是为井架工进行起下钻操作提供的工作场所，它包括井架工的操作台和用于存放钻杆、油管、抽油杆的指梁。三层台通过销轴、斜撑与井架下体的二层台耳座相连接。二层台三边设有挡风墙，井架上对应二层台位置也设有挡风墙板，便于井架工的作业。二层台操作台可向上翻起，避免与游动系统碰撞。在台体指梁上均设有安全防护链。一般情况下，在二层台上安装紧急情况下的逃生装置。二层台内部布局如图 1 − 10 所示。

图 1 − 10　二层台内部布局

1.2.3.3　天车

天车用于安放及维修天车和天车架。天车由天车架、天车滑轮、天车轴、支座与轴承等零部件组成。整个天车滑轮组与天车座用螺栓连接，滑轮采用铸钢件，并经动平衡测试，滑轮绳槽圆弧按 API Spec 8C 要求与相应钢丝绳设计，绳槽工作部分采用表面淬火处理，保证滑轮的使用寿命，天车轴经热处理和探伤检查。滑轮轴的轴端设有黄油嘴，注入黄油润滑轴承，操作方便。天车平台上设有护栏，便于检修安全可靠。为防护游车碰天车，天车底部设有防碰橡胶垫。天车结构示意如图 1 − 11 所示。

图 1 - 11　天车结构示意

5×6 游动系统定滑轮组由 6 个滑轮组成，1 个为快绳轮，1 个死绳轮，另外 4 个串成一体组成天车轮，绳轮座上设有防止大绳跳槽的挡绳器。5×6 游动系统滑轮穿绳示意如图 1 - 12 所示。

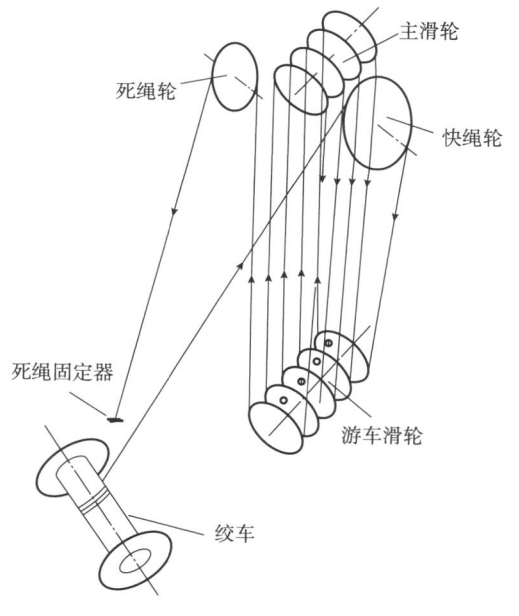

图 1 - 12　5×6 游动系统滑轮穿绳示意

1.2.3.4　附属设备

（1）立管总成

立管总成是一种泥浆输送高压管汇，安装在井架下体。立管是由钢管、由壬、鹅颈管等组合而成。

（2）井架液压起放和伸缩机构

井架的立起与放倒是由两个双作用多级起升液缸来实现的，上体井架的伸出是由两个单作用的长伸缩液缸来实现的，上体井架的缩回是靠自重在液缸及液缸支撑机构保证下实现的。中间设有伸缩液缸支撑机构，确保井架伸出、缩回工作时的安全稳定性。井架液压起升液缸见图1－13（a），井架液压伸缩液缸见图1－13（b）。

(a)井架液压起升液缸　　　　　　　　　(b)井架液压伸缩液缸

图1－13　井架液压起放和伸缩机构

（3）放空管线总成

放空管安装在井架上，用于将泥浆气体分离器分离出的可燃性气体排放至天车以上。从钻台直至天车顶部，在井架上、下体之间采用软管连线，上体管和下体管之间通过法兰相连。

（4）吊钳平衡装置（大钳平衡重）

吊钳平衡装置由平衡块、导向杆、滑轮等组成。导向杆连接架焊在井架上，平衡块可沿其上下滑动。平衡块可以根据需要增减，从而达到平衡吊钳的目的，保证吊钳停留在任何位置。吊钳平衡装置（大钳平衡重）如图1－14所示。

图1－14　吊钳平衡装置（大钳平衡重）

（5）逃生装置

二层台上设置井架工逃生装置，当在井架二层台上的操作者遇到紧急情况需要迅速逃生时，可手持逃生器，沿二层台至甲板面的绷绳迅速滑至甲板面安全逃生。甲板面钢丝绳固定点根据平台情况现场选定。

（6）防坠落装置

防坠落装置是操作人员上下井架时的一种安全保护装置。主要由双保险挂钩、D 形扣、防坠器连接绳及安全带组成。

（7）梯子总成

井架上、下体上均设有梯子，以便于作业人员到达二层台和天车顶部，实施作业或检修。在井架梯子上均设有护圈（井架上体除外），各平台上设有围栏。

（8）承载机构

承载机构是井架上、下体的连接部件，它将井架上体承受的所有载荷传递给井架下体，并且在结构上要保证井架的垂直度和稳定性，要保证井架上体伸出的安全、平稳、到位，是井架的主要部件之一。承载机构采用外置式结构。下体设置承载梁、承载销。双承载销之间通过连接杆连接，承载液缸连接于长轴中部，缸座固定，依靠液缸的伸缩推动长轴，带动承载销伸缩，从而实现承载功能。承载机构详见图 1 – 15。

图 1 – 15　上下体锁紧承载机构

（9）铭牌

设备的铭牌均采用不锈钢板蚀刻工艺制作完成，主要包含井架 API 标牌及井架安装标识牌。井架 API 标牌依照 API Spec 4F 相关规定，包含但不限于以下信息：制造商名称、制造商地址、制造日期、出厂编号、井架高度、游动系统及相应的最大钩载、最大抗风能力、钩载－风速曲线图、产品规范级别标识、附加要求标识、API 会标及证书编号等。井架安装标识牌是为方便井架拆装而额外设计的铭牌，主要包含设备名称等信息。某型井架 API 铭牌见图 1 – 16。

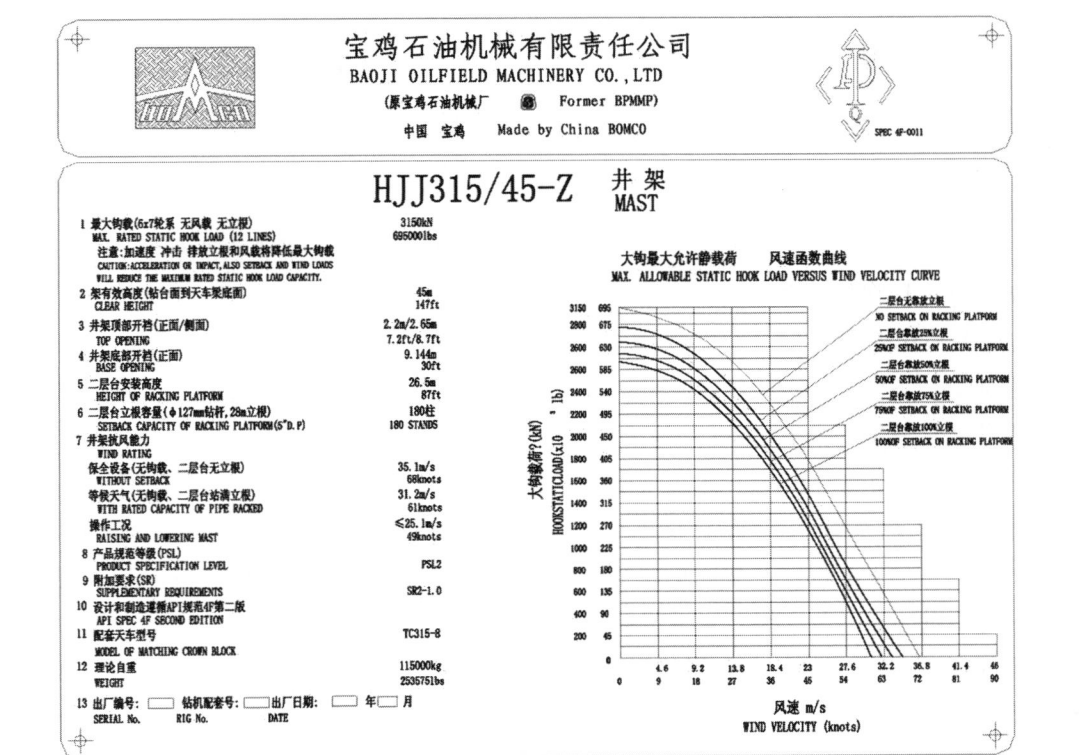

图 1-16　某型井架 API 铭牌示意

1.3　海洋井架主要参数

1.3.1　钻机及修井机主要技术参数

依据 GB/T 29549.1—2013《海上石油固定平台模块钻机　第 1 部分：设计》，模块钻机基本参数如表 1-1 所示。

表 1-1　模块钻机基本参数

钻机级别		30/1800	40/2250	50/3150	70/4500	90/6750	120/9000
最大钩载/kN		1800	2250	3150	4500	6750	9000
名义钻深范围/m	127mm 钻杆	1500~2500	2000~3200	2800~4500	4000~6000	5000~8000	7000~10000
	114mm 钻杆	1600~3000	2500~4000	3500~5000	4500~7000	5000~9000	7500~12000
绞车额定功率	kW	400~550	735	1100	1470	2210	2940
	hp	550~750	1000	1500	2000	3000	4000
游动系统绳数	钻井绳数	8	8	10	12	14	14
	最多绳数	10	10	12	14	16	16

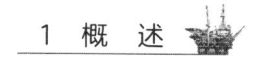

钻机级别		30/1800	40/2250	50/3150	70/4500	90/6750	120/9000
钻井钢丝绳	mm	29，32		32，35	35，38	42，45	48，52
公称直径	in	$1\frac{1}{8}$，$1\frac{1}{4}$		$1\frac{1}{4}$，$1\frac{3}{8}$	$1\frac{3}{8}$，$1\frac{1}{2}$	$1\frac{5}{8}$，$1\frac{3}{4}$	$1\frac{7}{8}$，2
推荐钻台高度/m		7.5		7.5，9，10.5		10.5，12	

依据 SY/T 6803—2016《海洋修井机》，海洋修井机分为六个级别，其基本参数见表 1 - 2。

表 1 - 2　海洋修井机基本参数

海洋修井机型号			HXJ90	HXJ110	HXJ135	HXJ160	HXJ180	HXJ225
名义修井深度/m	小修深度	用73mm($2\frac{7}{8}$in)外加厚油管	4000	5500	7000	8500	—	—
	大修深度	用73mm($2\frac{7}{8}$in)钻杆	3200	4500	5800	7000	8000	9000
		用88.9mm($3\frac{1}{2}$in)钻杆	2500	3500	4500	5500	6500	7500
		用114mm($4\frac{1}{2}$in)钻杆	1500	1800	3600	4200	5000	6000
最大钩载/kN			900	1100	1350	1600	1800	2250
额定钩载/kN			600	800	1000	1200	1500	1800
绞车额定功率/kW			257～330	280～400	330～450	400～500	450～600	550～735
井架高度/m			19，29，31	29，31，33			33，36，38，41，44	
有效绳数			6，8				8，10	10

1.3.2　井架型号及表示方法

海洋石油井架型号表示方法见图 1 - 17。

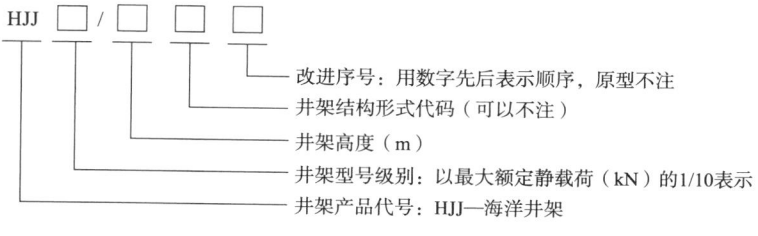

图 1 - 17　海洋石油井架型号表示方法

示例：最大额定静载荷为 1350kN、井架净空高度为 31m、第二次改型设计的海洋修井机井架型号为 HJJ 135/312。

1.4 海洋固定平台井架服役概况

据不完全统计，中国海油现有10余座半潜式钻井平台、40余座自升式钻井平台、170台套左右固定平台模块钻机和修井机，在役各型井架超200台套。通过资料收集及现场调研，梳理了海洋石油固定平台模块钻机和修井机井架参数，形成了海洋井架基础信息，以便分析海洋井架服役现状。

1.4.1 井架设计承载能力统计分析

本次共收集统计固定平台模块钻机和修井机井架154台套，井架按不同设计最大钩载分类统计如表1-3所示。由表可知，目前服役的海洋井架以最大钩载为1800kN的修井机井架和最大钩载为4500kN的模块钻机井架为主。

表1-3 井架设计最大钩载分布

区域公司	井架设计最大钩载/kN								总计
	<1350	1350	1580	1800	2250	3150	4500	>4500	
天津分公司	10	24	9	27	11	9	9	—	99
深圳分公司	—	1	1	—	3	2	15	3	25
湛江分公司	5	2	1	7	2	1	1		19
上海分公司	—	—	—	—	1	1	5	1	8
海南分公司	—	—	—	1	—	—	2		3
总计	15	27	11	35	17	13	32	4	154

1.4.2 井架所处区域统计分析

按照中海石油(中国)有限公司所属区域公司划分，天津分公司拥有井架99台套、深圳分公司拥有井架25台套、湛江分公司拥有井架19台套、上海分公司拥有井架8台套、海南分公司拥有井架3台套。天津分公司井架拥有量远高于其他分公司(图1-18)。

1.4.3 井架所处设施类型统计分析

在154台套井架中，模块钻机井架共计55台套，占比36%；修井机井架共计99台套，占比64%。其中天津分公司修井机井架数量占比高，而深圳分公司和上海分公司模块钻机井架占比高。

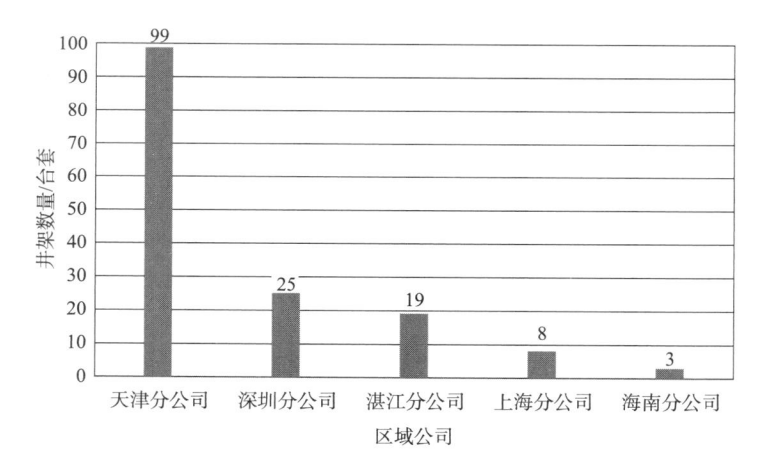

图 1-18　各区域公司井架拥有量统计

1.4.4　井架生产厂家统计分析

按井架生产厂家统计分类，绝大多数井架由以下 5 个厂家生产提供：中石化四机石油机械有限公司生产 41 台套；南阳二机石油装备(集团)有限公司生产 33 台套；中国石油宝鸡石油机械有限责任公司生产 24 台套；四川宏华石油设备有限公司生产 21 台套；兰州兰石石油装备工程股份有限公司生产 20 台套。详细生产厂家分布见图 1-19。

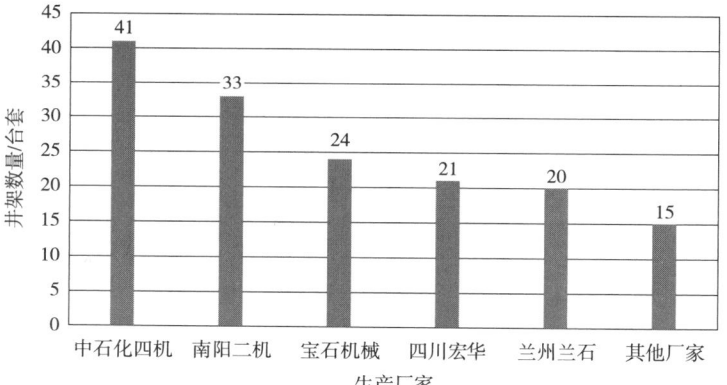

图 1-19　井架生产厂家统计图

1.4.5　井架服役年限统计

根据井架投入使用时间进行推断，截至 2024 年 7 月 1 日，154 台套井架平均服役年限统计情况见图 1-20。据图可知，井架平均服役年限为 15.06a；其中服役 5~20a 的井架数量较多，共计 108 台套；服役超过 20a 的井架共计 34 台套，服役年限较长，需要加强维保及管控。

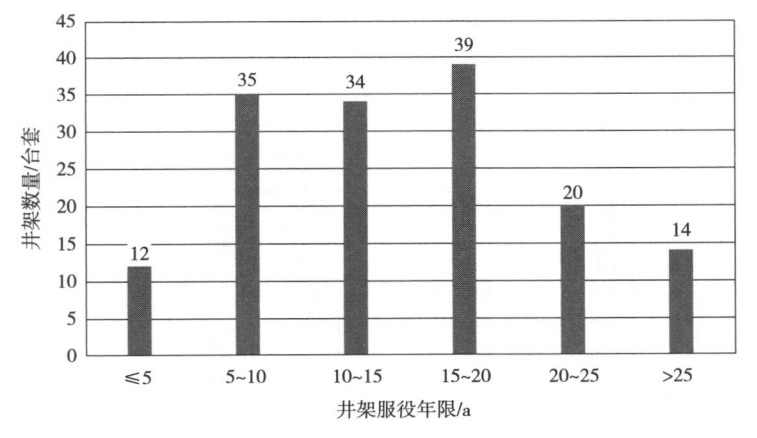

图 1 - 20　井架服役年限统计

1.4.6　代表性井架实体现场照片

为更加直观地展示海洋平台井架，选取代表性平台和井架整体照片如图 1 - 21 ~ 图 1 - 24 所示。

图 1 - 21　固定平台塔式井架

1.5　本章小结

本章介绍了井架常见术语和定义、海洋井架典型类型、布局方式及结构构成，列举了井架主要技术参数。通过统计中国海油在役井架服役数据，初步梳理了海洋井架服役特点。最后选取了多张代表性的井架服役照片，直观展示了井架结构形态。本章内容让读者对海洋石油井架建立了初步认识，方便对后续章节的理解。

图 1 - 22　自升式钻井平台塔式井架

图 1 - 23　固定平台直立套装井架

图 1 - 24　固定平台伸缩式井架

2 制造监理

海洋石油井架作为关键的钻采设备，其安全性能是海洋石油钻完修井作业的安全保障。为了提高井架的本质安全性能，减少其因出厂质量问题而造成服役期间引起的失效，需要对其采取制造阶段驻厂监理的方式进行质量控制。

2.1 质量控制点设置

在井架正式开始生产前确定监理质量控制点，根据监理控制点的重要程度和特点，将整个监理过程分为文件见证点、现场见证点、停止见证点和随机抽查点。

（1）文件见证点（R 点）

由设备监理工程师对设备工程的有关文件、记录或报告等进行见证、检验或审核而预先设定的监理控制点。

（2）现场见证点（W 点）

由设备监理工程师对设备工程的活动、过程、工序、节点或结果进行现场见证、检验或审核而预先设定的监理控制点。

（3）停止见证点（H 点）

需由设备监理工程师完成见证、检验或审核并签认后，设备工程才可转入下一个活动、过程、工序或节点而预先设定的监理控制点。

（4）随机抽查点（I 点）

对生产厂生产、检验过程或检验结果进行随机检查，以确定其符合性。可根据合同或监理策划要求按照相应的检验比例、检验项目进行验证检查。

井架制造质量控制点设置见表 2 - 1。

表 2 - 1　井架制造质量控制点

序号	见证项目		见证方式
1	被监理单位体系文件审核	被监理单位资质	R
		质量管理体系	R
		工艺程序文件	R
		检验设备仪器有效性	R
		关键岗位人员资质	R

续表

序号	见证项目		见证方式
2	原材料检查	原始进货凭证	R
		外形尺寸	W
		表面质量	W
		理化性能试验	W
		原材料复验报告	R
3	外购件检查	设计要求	R
		合格证明文件	R
		附件和备件清单	R
		标志铭牌参数	W
		试验报告	R
		外观尺寸	W
		表面质量	W
		性能检验	W
4	结构件制造质量检查	下料质量	W
		机加工质量	W
		焊接人员资质	W
		焊接材料	W
		焊接前准备工作	W
		焊接过程质量	W
		焊缝外观质量	W
		焊后热处理	W
		焊缝无损检测	W
		整体热处理	W
		焊缝密封性能	W
5	井架及其附件几何尺寸检查	井架单个构件几何尺寸	W
		井架部件拼装	W
		二层平台部件拼装	W
6	喷砂、油漆质量检查	喷砂质量	W
		油漆牌号及颜色	W
		喷漆外观质量	W
		漆膜厚度	W

序号	见证项目		见证方式
7	井架及相关附件总装质量检查	总装调试大纲	R
		总装场地	W
		安装顺序	W
		各构件外观质量	W
		井架安装后整体尺寸	H
8	井架试验	井架应力试验	H
9	清洗、补漆、包装及发运	清洗、补漆	W
		铭牌标识	W
		包装及装车	H

2.2　监理依据

合规的监理依据是保证监理效果的前提。井架驻厂监造主要依据以下文件。

（1）客户要求。一般以客户采购技术规格书、设备采购合同为准。需要注意的是，监造产品时既要满足设计及规格书要求，又要同时符合现场使用习惯。

（2）相关标准。目前石油行业中驻厂监造普遍参照 API 标准、相关国家标准或石油行业标准。但以制造厂家自主设计制造为主的产品，标准中仅涉及设计概念、检验范围及方法，标准中的内容比较宽泛。在中国设备监理协会发布了 T/CAPEC 29—2020《石油和化学工业　石油钻机和修井机制造监理技术要求》标准后，为井架的监造实施提供了更具体、更具有可操作性的方法。

（3）工厂文件。结合过程管理及现场实施的实际情况，监理依据还应包括经批准的厂方设计、厂方质量手册及程序文件等工厂文件。

2.3　监理内容及方式

2.3.1　文件证书和检验报告

（1）生产厂资质证书审核

对生产厂的 API 资质证书、质量管理体系文件等资质进行审核，确保其符合 API 或 ISO 9001 相关要求。

（2）关键岗位人员资质

对特殊岗位人员资质进行核查，包括但不限于焊接人员、无损检测人员、理化检测人员等，对其资质的有效性、证书等级进行审核。在工作现场对其证书与人员的一致性进行核查，并留存复印件以备查。

（3）检测设备及仪器

对生产厂所参与井架生产制造的所有检测设备及仪器的合格证及校验证书有效性进行审核，必要时可在工作现场对其证书与量具的一致性进行审查，并留存复印件以备查。

（4）合格证书、试验及检验报告

对原材料的质证书进行审核，如有必要可对原材料进行复审，并检验其理化性能。对外购零部件的试验或检验报告进行审核，并留存复印件以备查。

2.3.2 原材料及下料质量检查

（1）原材料质量控制

1）审核原材料的原始进货凭证，包括合格证书、质量证明书、化学成分、机械性能报告等。

2）按设计图纸核实原材料的牌号、规格、成分、性能。

3）外形尺寸控制：分别按照图纸所列尺寸标准检查外形。

4）表面质量控制：表面质量用肉眼观察，必要时可用钢丝刷清理被检表面。钢材表面不得有气泡、结疤、拉裂、裂纹、折叠、夹杂和压入的氧化皮，不得有分层。

5）经技术文件、外形尺寸、外观质量检验合格的原材料，根据材质跟踪要求进行化学成分、机械性能及金相分析有关项目的检验。

（2）钢材预处理检查

此工序可能会在不同生产厂有不同的要求，因此不作严格要求。如生产厂生产工艺有关于钢材预处理这一项工序时，可参照此条进行检查。

1）钢材的矫形质量检查：钢材经矫形后，检查板材或型钢的平面度和直线度，对型钢还可用直角尺检查型钢的截面形状误差。

2）钢材的预处理控制：钢材预处理常用抛丸、喷丸、酸洗和手工处理。钢材经预处理后，对钢材的清除质量按技术文件要求的标准进行检查；也可按 GB/T 8923.1—2011《涂覆涂料前钢材表面处理　表面清洁度的目视评定　第1部分：未涂覆过的钢材表面和全面清除原有涂层后的钢材表面的锈蚀等级和处理等级》中的要求进行检查。

（3）切割原件表面质量及尺寸检查

1）下料件表面应无夹渣、夹灰等缺陷。发现板材表面有起皱、脱皮，切割边有裂纹应用超声波确定其范围，然后决定修补或报废。检查所有的切割件的切割边缘，除了毛刺、熔渣，是否按照工艺要求对棱角进行了倒圆角处理，根据技术要求判定是否要进行母材无损检测。

2）切割件尺寸检查：对主要结构件的下料尺寸要进行检查，特别是箱形构件的横隔板要检查其对角线尺寸、长宽尺寸、减轻孔、纵向加筋和焊缝穿越孔的形状位置尺寸及平整度尺寸等。

3）划钻孔的质量检查、孔的划线检查：孔的中心位置偏差应符合设计图纸的要求；孔径偏差按图纸要求检查。

4）刨边质量检查：钢板在刨边前，先用拉线法检查平面度，否则要先矫正；用拉线法检查刨边直线度；检查刨边的宽度偏差；按标准检查刨坡口的尺寸精度；检查刨边、刨坡口的表面粗糙度，有缺陷要进行修磨并去毛刺；对于筒体板料的刨边，应检查刨边缘同基准线的平行度。

2.3.3　结构件焊接质量检查

（1）前期准备工作

1）生产厂应提供经委托方认可的钻机设计图纸、生产工艺和技术标准，供现场监造人员使用或查阅。

2）核查制造方质量保证体系文件。

3）审查焊工资格证书，生产厂应提供复印件备查。

4）审查无损探伤人员资格状况，生产厂应提供名单备查。

5）检查计量（测量）设备的精度及其有效期。

6）检查与焊接工序有关设备的有效性。

7）检查材料管理及控制制度。

8）焊接程序认可。

（2）焊接拼装质量检查

拼装焊接的质量应根据图纸、工艺和标准的有关要求，重点控制重要零件的拼装尺寸与重要焊接部位的焊接质量。

1）跟踪检查材料，检查板材和型材等下料质量，特别是坡口尺寸、坡口方向、平整度、拼装间隙和坡口尺寸精度。

2）检查部件的定位线尺寸，特别是定位线的基准十字线。部件拼装中，应核对部件的中心线与基准中心线关系，部件边缘与定位线重合，并应与相关部件垂直，垂直度按标准执行。

3）检查定位焊质量：定位焊的预热温度与焊接时的预热温度相同；双面焊、反面清根的焊缝，应尽可能地将定位焊放在反面；形状对称的结构，定位焊尽可能对称排列。构件焊缝交叉处，不应有定位焊。按标准规定，检查定位焊的焊接尺寸，焊缝尺寸起重要作用的部位，可适当增加定位焊的数量。

（3）焊接前的质量检查

1）检查焊条、焊丝、焊剂和钢材的牌号、规格，是否符合图纸及工艺规定。

2）检查拼装间隙和拼装错位情况。

3）坡口形式与坡口尺寸应符合图纸、工艺和标准的要求，对反面清根的焊缝、检查碳刨清根情况，碳刨表面应打磨掉增碳层。

4）检查焊缝两侧的清洁情况，在此该范围内不应有铁锈、氧化皮、油、漆、水等表面污物。

5）检查对接焊缝两端的引弧、熄弧板，作为引弧、熄弧板的材质、坡口形式与焊接件完全相同，厚度相当。

6）检查焊前预热，根据图纸和工艺的要求，用测温仪检查加热温度。除特殊要求外，对不同的钢材，可以按 AWS D1.1 表中的预热温度进行检查。

（4）焊接过程中的质量检查

1）要求上岗焊工必须持有相应的焊接等级证书。

2）焊接生产车间应设二级焊材库，对焊工所使用的焊条、焊剂烘干情况等进行检查，焊接时焊条应贮存在保温筒内（注意保温筒温度）。

3）禁止在钢板上任意引弧。

4）检查焊接过程中的电流、电压等参数应符合焊接工艺或标准要求，避免因电流电压不当造成夹渣、未焊透等缺陷并降低焊缝性能。

5）当焊缝金属开始冷却时，可采用对其轻轻锤击来减少焊接变形和焊接应力，禁止对多层焊的第一层和最后一层焊缝采用此方法。

6）为减少焊接变形和焊接应力，操作者应严格按焊接工艺规范、焊接工艺程序施焊。

7）检查焊接的层间温度：对要求预热的焊缝，在焊接过程中，用测温仪检查焊接的层间温度，层间温度就在预热温度的下限以上。如果在下限以下，再次预热，方可继续进行焊接。

8）焊接较厚的母材或角焊缝较大时，应尽量采用多层多道焊焊接。

（5）焊接后的质量检查

1）焊缝的表面质量检查

焊缝检查之前，操作者应清除该焊缝的焊渣与飞溅，否则不予检验；用肉眼或通过放大镜检查焊缝的咬边、弧坑、焊瘤、气孔、裂纹、未熔合等表面缺陷，焊缝的表面成形和包角应完整；根据焊缝的等级要求，按 AWS D1.1 来评定其关键焊缝或重要焊缝是否合格；当怀疑有表面裂纹、未熔合等危险性缺陷时可以通过表面探伤检查或超声波检查来进行核实。对焊缝外观成形较差的焊缝，应按该标准和工艺进行补焊、打磨修正；按国家标准，用焊缝量规对焊缝的全长进行外观尺寸等检查。对接焊缝主要检查焊缝的余高、焊缝的宽度及其不均匀性。角焊缝主要检查两个方向的焊脚高度、焊缝的凹凸情况。

2）焊缝的无损探伤检查

磁粉检测：无损检验前，表面上应当没有可影响灵敏度的氧化皮、油脂、焊接飞溅、机加痕迹、污垢、厚重或松脱的涂层以及其他杂质。当对焊缝进行测试时，焊缝的表面以及相邻的20mm范围以内的区域应当按照上面所述要求处理。见证磁粉探伤操作人员的资质证书；检查设备的检定证书是否在有效期内；见证检测过程；审核磁粉报告。

超声波检测：用于超声波检测的接触表面应清洁光滑。见证超声波探伤操作人员的资质证书；检查设备的检定证书是否在有效期内；见证检测过程；审核超声波检测报告。

射线检测：被检测的焊缝其内、外表面不应存有可能阻挡或影响质量评定的不规则物体。检查探伤操作人员的资质证书；检查设备的检定证书是否在有效期内；检查射线底片的质量；审核射线检测报告。

3）焊后热处理质量检查

对有焊后热处理要求的构件，检查在热处理过程中的加热温度、保温时间、加热速度和冷却速度，应符合相应的工艺规范。

4）焊缝的密性试验

有密封要求的焊缝要进行密性试验，常用的密性试验方法有气压试验和水压试验，按有关规定进行检查。

2.3.4　井架及附件尺寸检查

（1）井架尺寸检查

1）对井架各单个构件尺寸进行检查，主要检查其各结构件组合后整体长、宽、对角线以及平面度，其上述各尺寸误差应在图纸或设计要求的公差范围之内。

2）井架各单个构件拼装尺寸检查，对其整体拼装尺寸如长度、宽度、直线度以及组合后的平面度进行重点检查，上述各尺寸误差应在图纸或设计要求的公差范围之内。长度与宽度及对角线可用卷尺直接进行测量；直线度可用拉线法并配合使用钢板尺测量两侧边缘与细绳之间的距离而判断是否合格。

（2）二层台尺寸检查

1）检查二层台整体组装后的长、宽、高以及底面对角线尺寸，其整体误差应符合图纸或设计要求的公差范围，上述测量可直接使用卷尺进行测量。

2）可使用经纬仪检查平台面整体平面度，其不平度应在图纸或设计要求的公差范围之内。

3）检查二层台与井架连接处耳板连接尺寸符合图纸或设计要求。

2.3.5　井架及相关附件总装质量检查

（1）安装前需对井架各构件进行检查，对受损的构件应按生产厂有关要求修复合格或更换后才能安装。

（2）除非另有规定，结构件直线度偏差不得超过其横向支点之间轴向长度的1‰。

（3）井架上所有穿销轴的孔内应涂润滑脂以利于销轴的打入和防止销轴锈蚀。

（4）井架主体安装应遵循先下后上，先主体后附件的顺序，按图纸及工艺要求依次安装。

（5）井架所有螺栓连接处，螺栓应配有相应的防松动的垫片或其他装置。

（6）对井架安装完毕后的整体尺寸进行检查，主要检查其总高度、底部尺寸长、宽等尺寸。

（7）使用经纬仪检查井架垂直度，检查其井架顶部中心与底座预设井眼偏差尺寸，其偏差尺寸不允许超过图纸及工艺规定的要求。

（8）对井架各附件，如二层台、逃生装置、套管扶正台等设备或部件的安装质量及尺寸进行检查，确保其符合图纸及总装工艺规定的要求。

2.3.6 井架应力试验检查

（1）进行井架承载能力（钩载）试验时其场地必须配有相应的地锚，以模拟钻井时的钻柱重力，其地锚的承拉能力应大于井架额定承载力（钩载）50%。

（2）其试验中所使用的天车、钢丝绳、绞车、大钩、游车以及指重表等设备应与该钻机所配套的设备参数相匹配。

（3）测试应在无雨、无雪天气进行；测试时环境温度及风速满足标准要求。

（4）试验方式及注意事项可参见 SY/T 6326《石油钻机和修井机井架承载能力检测评定方法及分级规范》及生产厂试验大纲。

（5）检查工厂测点布置图及记录、测试结果、数据分析结果、检测原始记录或复印件。

（6）填写试验报告及相应的见证记录。

2.3.7 喷砂、喷漆质量检查

（1）表面处理检查

1）对于结构件下列缺陷：飞溅、焊道气孔、焊道粗糙、钢材表面尖锐的凹凸、翘皮、焊道裂纹、超过 0.5mm 的咬口、超过 0.3mm 的气割边、自由边倒角等应打磨光滑，直到获得一个无棱角及无尖锐凸起的表面。

2）应对喷砂后的工件表面清洁度应达到 Sa2.5 级，钢材表面无可见的油脂、污垢、氧化皮、铁锈和油漆层等附着物，任何残留的痕迹应是点状或条纹状的轻微色斑。

3）喷砂完工后，应除去喷砂残渣，使用无油、无水分的压缩空气吹去表面灰尘，喷砂处理后的表面应尽可能不要用手去触摸并尽快涂装底漆。喷砂完毕后与涂装之间的时间间隔不宜超过 4h，若由于特殊原因停留时间过长致使表面污染或反锈，应重新处理达到要求的表面清洁度等级后再进行涂装。

（2）涂装质量检查

1）应审核生产厂制定的涂装工艺，油漆牌号、涂层数量、漆膜厚度、涂层颜色等应与合同技术规格书相符。

2）应重点检查喷漆前工作表面的油污、灰尘、锈迹、水渍等，应彻底清理干净，油漆的涂装应按各油漆牌号的工艺要求进行。

3）涂装的环境对油漆的质量有较大的影响，注意气候变化，如有环境条件不允许进行涂装作业时，应通知工厂采取必要措施或停止相应工作。

4）喷漆后应对漆膜外观进行检查，不得有漏涂或漏喷，湿膜不得有缩边、起泡、喷丝、发白失光、浮色流挂、渗色、咬底、皱皮等现象。干膜不得有白化针孔、细纹龟裂、回粘、片落、脱皮等缺陷。

5）面漆表面应平整光滑、色泽一致，在光线充足的地方，肉眼看不到明显的机械杂质和污浊物，无明显的修补痕迹及伤痕。

6）应对漆膜厚度进行抽查，检验时应注意厂方油漆检验人员所使用的漆膜测厚仪的现场校验。

7）对漆膜的附着力进行抽查，检验时应注意厂方油漆检验人员所使用的黏胶布的黏性。

2.3.8　检查标识和包装

（1）铭牌或标识

铭牌内容应包括但不限于产品型号与名称、最大载荷、钢丝绳直径、提升能力、外形尺寸、质量、出厂日期及生产厂名称和商标等，具体以技术协议为准。

（2）包装检查

1）分体包装前，在井架各分体部分的明显部位做出牢靠的相同标记。

2）外露的油、气、水管线接头应采取可靠的保护措施。

3）捆扎在井架上的零部件应固定可靠。

4）随机文件宜箱装，可同井架装箱件一同装箱，并应有防潮、防污染包装。

5）随机文件应包括但不限于：产品合格证、产品使用说明书、随机发送图样、发送清单及装箱单等。

2.4　质量问题及处理

根据在海洋井架设备监理实践中总结的问题清单，梳理了现场监理过程中发现的质量问题分为如下几类：

（1）生产厂及人员资质类问题；

（2）生产厂工艺设计文件类问题（包括设计、生产、检测等程序文件）；

（3）合同执行类问题；

（4）生产厂程序文件执行类问题；

（5）外购件问题；

（6）生产厂设备类问题（包括生产加工设备、检测设备等）；

（7）生产厂报告类问题（检测报告等）；

（8）生产厂管理类问题；

（9）生产制造问题（机加工、热处理、焊接、涂漆组装等）；

（10）生产厂试验类问题（包括试验条件、试验发现的问题等）。

将现场监理过程中发现的问题按照以上几大类进行分类讨论。

2.4.1　生产厂工艺设计文件类问题

（1）安全设施缺少规范性设计

由于生产厂对实际使用规范不熟悉，导致井架爬梯平台各段防坠器未设计倒 L 形防坠挂点。设备监理工程师要求增加相应防坠挂点，避免在护栏或梯子上悬挂。整改前后相关图片见图 2-1。

(a)整改前　　　　　　　　　　(b)整改后

图 2-1　防坠挂点整改图

（2）设计不合理导致干涉问题

1）生产厂设计时未考虑安装实操、井架增加重量以及放空管线布局问题，导致井架起升时出现严重干涉，无法起升。

2）生产厂设计时未考虑现场实际情况，二层台走道电话支架严重干涉人员通行，需要更改将支架贴在挡风墙上（图 2-2）。

（3）安全防护设施细节设计不合理

由于设计原因，操作台面防护设施固定不牢靠，存在间隙过大等安全隐患，如图 2-3所示。

图 2-2　二层台走道电话支架严重干涉

 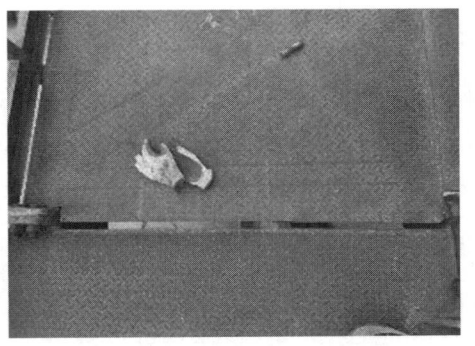

(a)防护设施固定不牢靠　　　　　　　　　(b)间隙过大

图 2-3　安全防护设施细节设计不合理

（4）设计不合理导致后期维保不便

生产厂原始设计时，将二层台挡风墙设计为外侧连接［图 2-4（a）］，这种方式更适合陆地钻机频繁拆卸的情况。对于海洋钻机，应改为挡风墙内侧连接［图 2-4（b）］，更符合海油生产维保的特殊需求。

(a)挡风墙外侧连接　　　　　　　　　　(b)挡风墙内测连接

图 2-4　挡风墙连接方式更改

（5）施工图设计错误导致井架主受力件违规拼接

生产厂车间生产一线自行对井架底段前腿板材拼接，拼接情况见图2-5（a）。经查该问题原因是施工图设计有误，与设计蓝图尺寸出现较大偏差，导致下料尺寸偏小，后续工序均按照错误的图纸施工。

由于该部件为井架受力关键部位，拼接可导致该部位焊缝应力集中，对于整个前腿来说属薄弱部位，因此需要厂方出具充分的拼接说明并得到业主认可，否则需重新加工制作。通过与业主及厂方多方沟通确认，拼接工艺不符合API及设计要求，故监理方认为需做报废拒收处理。后续厂方将井架底段前腿按照正确的图纸重新加工制作，如图2-5（b）所示。

（a）井架底段前腿板材拼接

（b）井架底段前腿重新加工

图2-5　井架主受力件违规拼接及处理

（6）设计未考虑流水孔

设备监理工程师检查井架基段外观时，发现设计图有一处横梁上加强筋板安装完成后缺少流水孔；井架整体卧装时发现左侧中上段和左侧中下段有一处横梁上缺少流水孔。两处均会导致基段整体立装后该位置积水。经沟通后现场加工时增加了流水孔。

（7）设计时井架基段导向轮尺寸偏差

生产厂对井架基段导向轮与井架下段起升导向轨道运行测试检验，发现基段导向轮与井架下段起升导向轨道腹板间隙太小无法正常通过。后导向轮经重新调整尺寸后可以满足正常使用要求。

2.4.2　合同执行类问题

（1）生产厂未按照修改后设计进行生产

由于图纸更新，生产厂设计部门未及时通知生产部门，故生产时未按照业主设计更新进行生产，导致主绞车快绳与井架底段横梁干涉，如图2-6所示。

图 2 - 6　主绞车快绳与井架底段横梁干涉

(2)未按照合同要求进行油漆附着力试验

合同要求对井架的防腐底漆进行附着力试验，但生产厂计划使用此前进行过的试验报告代替附着力试验。与业主确认后，需重新进行附着力试验。

2.4.3　生产厂程序文件执行类问题

(1)焊接工序错误

设备监理工程师在见证井架、天车等零部件焊接过程时，发现双耳座铆焊工序出错等问题。经与现场焊接操作沟通，将筋板打掉对漏焊处补焊，现场已整改并符合工艺要求。

(2)钢号牌错误

设备监理工程师检查井架右中下段井架连接耳板组装尺寸时，发现钢号牌上项目号错误，需要更换图纸号。后对钢号牌项目名称进行更换。

2.4.4　外购件问题

外购件订货信息不明确。某钻机设计计划配备 2 套液压猫头，分别为左、右对称。实际采购的液压猫头并非对称，造成液压接口不对称。

2.4.5　生产制造问题

(1)铸造质量问题

绞车滚筒加工完毕后，对其绳槽表面质量进行检测，发现滚筒绳槽表面出现铸造缺陷[图 2 - 7(a)]。该缺陷属于铸件缩松所致，在铸造及粗加工阶段几乎无法发现。

经确认缺陷深度及数量、面积均未超过标准要求，允许采用铸工胶修补或者补焊后抛光处理。绳槽表面经补焊后使用磨光机和砂纸抛光，表面质量符合图纸要求[图2-7(b)]。

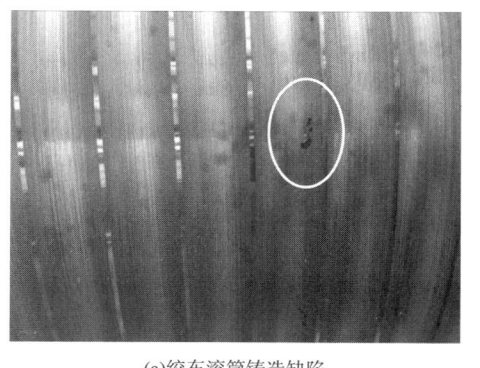

(a)绞车滚筒铸造缺陷　　　　　　　　(b)绳槽表面经补焊后使用砂纸抛光

图2-7　绞车滚筒铸造缺陷及处理

(2)焊接质量问题

1)焊缝应力释放裂纹

设备监理工程师在对井架顶段上端耳板焊缝MT探伤时发现，双耳板与相邻的横梁翼板之间的母材出现通透性裂纹，裂纹数量一共4处，长度为10~100mm。裂纹现场图片见图2-8(a)。

因为裂纹存在于焊缝周围，并且未向其他部位扩展，故分析此现象起因是焊缝应力释放，井架斜撑耳板与横撑腹板之间的焊缝焊接应力过大导致应力无法释放而撕裂母材。

对于该问题，厂方处理措施是对该位置重新补焊，并对焊接完毕后的位置进行MT及UT探伤[图2-8(b)]。经检测，焊缝周围200mm范围内均未出现裂纹等缺陷。

(a)井架关键受力处裂纹　　　　　　　　(b)裂纹补焊后探伤

图2-8　井架关键受力处裂纹及处理

2）焊接不满足图纸要求

设备监理工程师在见证井架、天车等零部件焊接过程时，发现存在焊缝间隙过大、角焊缝焊角不足等问题。后在该位置耳板加强筋板焊角已做加大处理。

3）焊缝不圆滑

设备监理工程师在检查顶驱导轨外观时，发现导轨端头贴板位置机加工后，上、下焊缝尖锐不圆滑，容易出现应力集中，不符合 AWS D1.1《钢结构焊接规范》外观检验要求，后进行打磨过渡处理。

4）焊缝表面有气孔

设备监理工程师在见证井架左中段部件磁粉探伤过程时，发现焊缝表面有气孔。现场操作工及时打磨焊缝表面气孔，磁粉探伤人员再次对修磨后的焊接进行磁粉探伤，无气孔等焊接缺陷发现，结果符合磁粉探伤工艺要求。

5）焊疤、焊渣未清理

设备监理工程师在见证井架、天车等零部件焊接过程时，发现部分焊缝焊接完成后，表面有焊渣飞溅、焊疤未清理等问题。经与现场焊接操作人员沟通，针对焊疤等问题，生产厂对焊接后井架焊缝打磨处理，现场整改并符合图纸及 AWS D1.1 要求。

（3）安装质量问题

尺寸超差：二层台猴台翻转处间隙过大，约为 10mm，生产厂后续在该处加设了翻板。问题及整改情况见图 2 - 9。

(a)二层台猴台翻转处间隙过大　　　　(b)间隙过大处加设翻板

图 2 - 9　尺寸偏差及处理

（4）涂装质量问题

井架各段喷涂面漆后部分位置存在油漆流挂、焊疤未清理彻底等缺陷。后生产厂按照监理组要求返工处理并重新油漆。问题及整改情况见图 2 - 10。

(a)漆面表观缺陷　　　　　　　　　　　(b)重新刷漆处理

图 2 – 10　涂装表观质量差

2.5　本章小结

在本章中，根据井架加工制造程序设计了质量控制大纲，并在驻厂监造工作中进行了应用，详细分析了井架在制造过程中的典型质量问题及处理方法。未来，可通过积累大量的井架驻厂监造中发现的典型质量问题案例，梳理总结其在加工制造阶段产生质量问题的规律，为类似监理项目提供参考。此外，也可对监造过的井架在服役过程中进行长期监控，建立被监理设备的运行状态大数据库，根据设备实际运行状况，分析其故障或失效特征，根据失效特征再制定针对性的监造方案。

3 隐患排查

随着海洋石油井架服役时间的增加，部件逐渐老化，不可避免地出现结构件的腐蚀、变形、裂纹、紧固件的缺失及松动等隐患。为保证现场钻完修井作业安全，需进行定期或不定期的专项隐患排查。

3.1 安全检查表

传统的井架隐患排查主要是通过专家目检结合功能测试的方法，确保井架整体配置及外观完好。然而限于检查人员的流动性、检查人员的主观性及安全检查表的不完善，造成了检查结果及参照依据不够规范，制约了提出隐患的权威性及整改问题的合规性。为了使得现场隐患排查更加客观，通过对收集调研的国内外现行石油井架相关标准进行梳理分析，将适用于海洋石油的标准条目进行摘录，编制了井架安全检查表。为了方便现场检查，将井架按照5个大项目分类对标，分别为通用要求、井架主体、二层台、天车和附属设备。安全检查表涵盖了各种常见类型的海洋模块钻机和修井机井架，现场在利用安全检查表进行隐患排查时需要根据待检井架特定的结构形式筛选相应的适用条目。

3.1.1 通用要求检查表

井架通用检查项目如表3-1所示。

表3-1 井架通用检查项目

项目	内容
安装、拆卸	检查所有焊缝，特别是起升机构的焊缝有无裂纹
	在进行起升作业之前，检查整个装置的水平度，基础和支座的位置是否正确。按制造商的推荐做法来调整装置的水平度
起放井架	起升或下放作业之前，应检查伸缩式井架上的载荷传递机构、导向装置和伸缩液缸稳定器是否操作灵活、状态良好。应保持机构和导向装置清洁，并予以适当润滑。当顶部向上伸出时，确保伸缩液缸稳定器移到正确的位置。当顶部伸至工作位置后，检查载荷传递机构是否完全接合
	能见度小于100m，或风速大于5级(7.9m/s)时，不应进行井架起放作业
防腐	井架应具有防腐能力，如采取热浸锌、镀锌或其他满足防腐要求的措施

续表

项目	内容
维护	在钻井或修井作业期间，定期检查全部螺栓连接，以确保其紧固
	井架和底座的维护应符合 API RP 4G 的规定
	钢结构及构件不应拆除，不宜进行钻孔、割孔、焊接，否则需进行检测评估
	修井机搬迁后，应经临时检测合格后方可投入使用
	修井机的维护应采用预防性维护系统（PMS）并规范执行
	对具备条件的修井机或设备，宜采用状态监测与预知性维护
	环境温度低于 0℃时，应对设备的动力、循环、气动及液压系统等进行防冻维护
安全	应配置人员高空操作防坠落等安全保护设施
	所有吊装用钢丝绳、安全绳应在绳头标明安全工作载荷标记
	所有设备的吊装耳板、吊装管等应有永久性安全工作载荷值标记
	钻台、天车台、井架二层台、套管扶正台、油管台及各种人员操作平台等周边应设置防护栏杆
	应设置天车台周边防护栏杆、人孔的安全活挡杆和安全人孔活盖板
	钻台、天车台、井架二层台、套管扶正台、油管台及所有操作台、休息台、梯子台阶、走道等台面应有安全防滑措施
	钻台面宜配置安全逃生装置
	所有钻台面以上、高于人体部位设备上的连接件、紧固件应配置防松、防脱落等安全保护装置
修理	在取得制造商或有资格人员的同意之前，不得在任何构件上钻孔或割孔，或进行任何焊接作业
传动机构	应经常检查载荷传递机构是否处于正确的锁紧位置，钻井作业期间每次换班都应进行检查。如可能的话，载荷传递机构应进行有效锁定以防止分离。为保证井架的额定承载能力，其轴线在全长范围内应为一直线。应使载荷传递机构处于保证结构平直的状态。载荷传递机构应油漆成明亮的、差别明显的颜色，以方便井队人员对其进行定位和检查

3.1.2　井架主体检查表

井架主体检查项目如表 3-2 所示。

表 3-2　井架主体检查项目

项目	内容
外观	井架梯子不应离开垂直位置向后倾，除非装有登梯安全辅助装置，否则在固定梯子横向错位处，应设有人员休息平台及防护栏杆
	检查井架结构状况
	检查连接螺栓固定及腐蚀情况，是否为自锁类型
	检查井架栏杆、走道、楼梯状况
	检查井架上安装设备的固定及安全链状况
	检查井架电气设备的防爆等级

海洋石油井架质量安全技术

续表

项目	内容
外观	检查井架逃生装置状况
	检查井架照明及障碍灯状况
	检查游车滑轨的固定、变形及磨损状况
	检查井架是否有散落物件
	检查是否有在井架上随意焊接情况
	螺纹连接和销轴连接均应有可靠的防松措施
	井架上所有紧固件、销轴等均应进行热浸镀锌处理或采取等同的防腐措施
尺寸	套装伸缩的井架，井架重合段同一截面立柱前后(或左右)侧间隙之和不应大于8mm
	套装伸缩的井架，采用液缸伸缩上(或中)段所配的井架扶正器中心线与伸缩液缸设计位置中心线偏差应不大于4mm；采用机械伸缩井架上(或中)段的机构应伸缩自如，不得有卡阻现象
	井架拼接后全长直线公差应不超过0.5‰
	天车载荷中心与转盘中心应对中，中心偏差应不超过20mm
	采用油缸伸缩的井架，上下体重合段，综合间隙应不超过4mm，扶正器应灵活可靠，扶正圈中心线与柱塞杆中心的单边间隙应不超过4mm，锁紧机构动作应准确可靠，上下体伸缩应平稳顺利无卡阻，柱塞杆的同轴度误差不超过4mm，二层台在井架到位后应处于水平位置
	多节自举套装式井架相邻两节安装后的间隙应小于5mm
维保	井架承载能力检测应符合SY/T 6326《石油钻机和修井机井架承载能力检测评定方法及分级规范》的规定
	井架在受到碰撞时，应对碰撞的部位及零件进行检查，重要部件可采取无损检测检查，以确认井架无损伤
	环境温度低于−20℃时，对可能引起井架主要结构件损坏的因素应采取预防措施
	井架遭受钻井液、石油、天然气等侵蚀而腐蚀严重的部位，应在每口井完工和滑移井架前进行彻底防腐保养

3.1.3　二层台检查表

井架二层台检查项目如表3-3所示。

表3-3　二层台检查项目

项目	内容
结构形式	轻便井架/塔式井架应采用防止立根坠落结构良好的二层台。二层台指梁应平直，并采取安全防坠措施
	二层台处应配置人员安全带固定位置及指梁、钻铤卡板的保护链(绳)。二层台、天车台入口处应配置活门或安全链

·36·

项目	内容
结构形式	工作台应使用防滑材料制成，且不宜延伸到游车、大钩、水龙头、顶驱系统和运动补偿器的运行轨迹内。如工作台不是由防滑材料制成的，则必要时其表面应采取防滑措施
	防坠落装置应可靠固定且随时配备
逃生能力	井架二层台应配置紧急逃生装置；二层台应设有人员防坠落装置
材料	二层台可用特殊高强度钢制成，修理时应注意确保使用类似材质的金属材料

3.1.4　天车检查表

井架天车检查项目如表 3 - 4 所示。

表 3 - 4　天车检查项目

项目	内容
外观	检查天车滑轮的磨损和润滑情况
	检查天车组铭牌
	检查滑轮的晃动及轴承状况
	检查滑轮绳槽状况
	检查防大绳跳槽装置的状况
	检查底座、地脚螺栓的情况
	检查滑轮轴承的润滑状况
	检查护罩变形及固定状况
防碰装置	天车智能防碰的维护参见 OEM 的技术文件
	天车梁下应设防碰垫木及垫木防散落装置，或防碰架、防碰橡胶
	应设置天车防碰装置和缓冲装置，并设置不低于机械和电子两种防碰系统，确保其工作可靠、操作方便和反应灵敏
	应配置防止游动系统上碰下砸的控制系统
能力要求	天车等提升设备进行功能和运行试验
	应在天车最高部位配置信号灯警示系统
	应在天车上配置避雷系统
尺寸	天车载荷中心与转盘中心应对中，中心偏差应不超过 20mm
调试	调整电子天车防碰至安全位置，防碰装置应在预先设定减速位置提前减速，并在调定位置刹停绞车
	空载上提下放游车，天车、游车各导向轮转动灵活，无卡滞、偏磨等现象，各钢丝绳防跳槽装置牢固可靠

3.1.5 附属设备检查表

井架附属设备检查项目如表3-5所示。

表3-5 附属设备检查项目

项目	内容
起升设备	在每次起升或下放作业之前，应按照制造商说明书检查液压管路，并排掉起升油缸和伸缩油缸内的空气，确保供应足够的液压油。应采取预防措施排掉液压系统内的所有空气
	检查起升机构中所有滑轮、链轮等的轴承润滑情况及销轴的润滑情况
	检查起升机构有无任何其他变形的迹象
	检查液压缸、管道和软管是否泄漏。检查密封件和软管是否有裂缝或磨损。应始终让有资格人员修理液压缸
	井架起升应采用多级伸缩式液压缸，井架伸缩应采用柱塞式液压缸。在进行井架起放和伸缩机构设计时，应考虑液压缸的全行程同步
	井架的起放和伸缩油缸与平衡阀或阻尼阀之间不允许用软管连接
电梯	检查井架电梯铭牌
	检查塔架、导轨、齿条以及滑轮有无变形、扭曲及过度磨损情况
	检查随动电缆及其导向装置状况
	检查螺栓固定及腐蚀情况
	检查轿厢内照明、楼层指示灯状况
	检查轿厢门状况
	检查避震器状况
	检查电气设备状况
绷绳	应检查包括操作绳、起升绳和绷绳在内的钢丝绳有无扭结、断丝或其他损坏现象。在每次起升或下放作业之前以及作业期间，应确保绷绳无缠结现象，其他钢丝绳均在滑轮槽中
辅助设施	井架应配置登梯助力器、吊钳滑轮，并应设有通往天车台和二层台的梯子
	检查起升机构中所有滑轮、链轮等的轴承润滑情况及销轴的润滑情况
	应配置井场喊话、通话等通信系统，以及二层台、钻井泵组等部位的电视监控系统
爬梯	在人员接近之前，检查折梯位置是否适当；在下放井架作业之前，检查折梯操作是否灵活
载荷传递机构	检查载荷传递机构是否处于正确的锁紧位置
螺栓	在钻井或修井作业期间，定期检查全部螺栓连接，以确保其紧固
标识与铭牌	轻便井架和塔式井架应具有永久性铭牌，并标出下列内容：a)制造商名称；b)型号和系列号；c)额定静钩载能力及游车最大穿绳数；d)推荐的绷绳布置图(如适用)
	井架的操作注意事项、操作程序以及井架的载荷特性曲线，应用标牌清晰标示，且标牌应固定在操作者易看清的部位

3.2 隐患数据分析

3.2.1 隐患统计

利用井架安全检查项目表，通过钻完修井作业前安全风险评估的方式对现场的海洋井架进行隐患排查，查找出了隐患并提出了相应的整改措施，及时将隐患关闭。通过统计分析 2014—2023 年 316 份钻完修井作业前安全风险评估报告，梳理出井架相关隐患共计 229条。为更加明确井架隐患特点，将隐患分为安全防护问题、紧固件问题、保养不善问题、部件缺失问题、杂物未清理问题、干涉或偏磨问题、功能障碍问题和其他问题 8 大类。

3.2.1.1 安全防护问题

梳理汇总出井架安全防护问题如表 3 – 6 所示，典型安全防护问题照片见图 3 – 1。

表 3 – 6 安全防护问题统计表

部位	问题描述	数量
二层台	二层台(包括猴台)护栏或踏板缺失	21
	逃生门、逃生缓降器等异常	9
	二层台护栏或踏板安装不合理(跨度大、松动等)	8
	二层台指梁缺少安全链	5
井架主体	井架护栏或护笼安装不合理(高度不够、跨度大、松动等)	11
	井架护栏或护笼缺失	9
	井架护栏或护笼变形或损伤	5
总计		68

(a)井架直梯无护笼

(b)井架直梯护笼变形严重

(c)第一节井架笼梯高度不足

(d)二层台应急缓降器处无踏板

(e)二层台缓降器缺少应急操作台

(f)井架逃生缓降器损坏

图 3 – 1 典型安全防护问题照片

(g)二层台指梁未安装安全链　　　(h)二层台部分指梁未安装安全链　　　(i)二层台猴台缺少踢脚板

(j)猴台前端未装防护栏　　　(k)井架二层台护栏用绳子防护　　　(l)二层台走廊内侧无护栏

图 3-1　典型安全防护问题照片(续)

3.2.1.2　紧固件问题

梳理汇总出井架紧固件问题如表 3-7 所示，典型紧固件问题照片见图 3-2 ~ 图 3-4。

表 3-7　紧固件问题统计表(安全销、别针、螺栓等缺失或者安装错误)

部位	问题描述	数量
井架主体	安全销别针缺失	18
	安全销别针使用不规范	11
	螺栓未紧固	4
	安全销别针变形	2
二层台	安全销别针缺失	7
	螺栓使用不规范	5
	安全销别针使用不规范	3
	螺栓未紧固	2
附属设备	安全销使用不规范	1
	螺栓未紧固	1
	螺栓缺失	1
	安全销缺失	1
天车	螺栓未紧固	1
	安全销别针缺失	1
总计		58

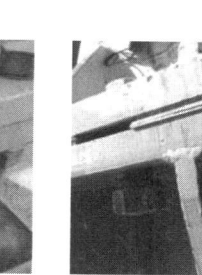

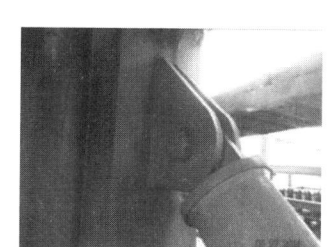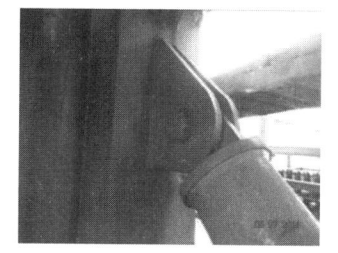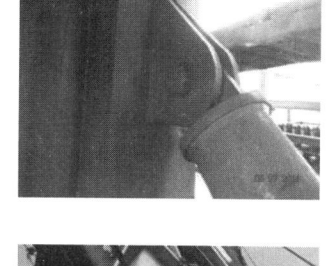

图 3 – 2　安全销别针缺失

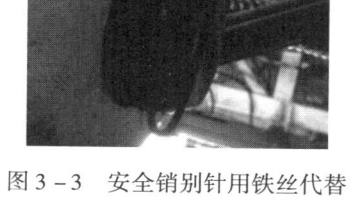

图 3 – 3　安全销别针用铁丝代替

图 3 – 4　井架螺栓松动脱出

3.2.1.3 保养不善问题

梳理汇总出井架保养不善问题如表 3－8 所示，典型保养不善问题照片见图 3－5。

表 3－8　保养不善问题统计表

部位	问题描述	数量
二层台	地板、猴台、斜撑、护栏锈蚀变形	10
附属设备	井架液压缸未做防护、缺乏维保	5
	井架电梯齿条与齿轮磨损，扶正轮锈蚀	1
	井架攀升保护器已过检验有效期	1
井架主体	井架螺栓锈蚀	2
	井架杆件漆层脱落、锈蚀	2
	井架铭牌模糊不清	1
天车	天车无检测标识	2
	天车底部油污堆积	2
	天车挡绳器支架腐蚀严重	1
总计		27

 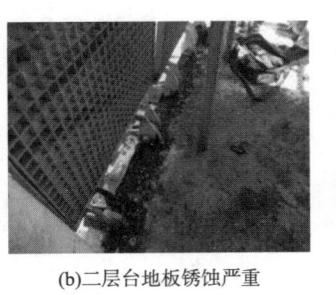 

(a)井架伸缩液缸保护套脱落　　　(b)二层台地板锈蚀严重　　　(c)二层台猴台整体锈蚀严重

图 3－5　保养不善问题照片

3.2.1.4 部件缺失问题

梳理汇总出井架部件缺失问题如表 3－9 所示，典型部件缺失问题照片见图 3－6。

表 3－9　部件缺失问题统计表

部位	问题描述	数量
天车	天车防碰枕木缺失	3
	天车滑轮组无护罩	3
	防碰过卷阀未安装球头、防碰过卷阀杆未安装	2
井架主体	井架缺横撑或斜拉筋	2
	井架处无风向标	1
	井架未安装防坠器	1
	井架无防坠落横梁	1

部位	问题描述	数量
二层台	二层台绞车无护罩	3
总计		16

(a)井架前支腿缺一横拉筋　　　　(b)天车无防碰枕木　　　　(c)天车没有护罩

图 3-6　部件缺失问题照片

3.2.1.5　杂物未清理问题

梳理汇总出井架杂物未清理问题如表 3-10 所示，典型杂物未清理问题照片见图 3-7。

表 3-10　杂物未清理问题统计表

部位	问题描述	数量
二层台	二层台有杂物	9
井架主体	井架型钢槽内有杂物	3
天车	天车有杂物	2
总计		14

(a)井架横梁有杂物　　　　(b)二层台有杂物　　　　(c)天车有杂物

图 3-7　杂物未清理问题照片

3.2.1.6　干涉或偏磨问题

梳理汇总出井架干涉或偏磨问题如表 3-11 所示，典型干涉或偏磨问题照片见图 3-8。

表 3 – 11　干涉或偏磨问题统计表

部位	问题描述	数量
井架主体	钢丝绳与井架摩擦	5
	井架直梯有障碍物	2
天车	天车防跳绳装置磨大绳	1
	快绳与天车底座干涉产生摩擦	1
二层台	气动绞车快绳磨二层台指梁	1
	二层台处死绳与顶驱悬挂钢丝绳相摩擦	1
	二层台气绞车导向滑轮偏磨	1
	总计	12

(a)快绳磨井架拉筋　　　　　　　　　　(b)快绳与井架摩擦

图 3 – 8　干涉或偏磨问题照片

3.2.1.7　功能障碍问题

梳理汇总出井架功能障碍问题如表 3 – 12 所示，典型功能障碍问题照片见图 3 – 9。

表 3 – 12　功能障碍问题统计表

部位	问题描述	数量
天车	障碍灯损坏	4
	防碰天车存在零点漂移现象	1
井架主体	照明灯故障	3
	障碍灯损坏	2
二层台	通信设备故障	3
	总计	13

(a)井架天车障碍灯不亮

(b)工业摄像头图像未传至司钻房

图 3 - 9　功能障碍问题照片

3.2.1.8　其他问题

梳理汇总出井架其他问题如表 3 - 13 所示。

表 3 - 13　其他问题统计表

部位	问题描述	数量
井架主体	井架未配装接地线	4
	井架未安装防雷击跨接线	2
	钢丝绳直接缠绕井架且无防磨措施	2
	井架未按规定使用四件套组件卸扣，且此卸扣无防松保护	1
	裸露电缆头未做绝缘、防水处理	1
二层台	二层台卸扣不符合规范要求	1
	气动小绞车钢丝绳乱，并且没有护罩	1
	气动绞车开关使用铁丝捆绑	1
	气动绞车缺少进气管线应急关闭阀	1
	气动绞车加装位置不合理，未加装钢丝绳，操作手柄位置不对	1
	气动绞车钢丝绳连接小钩卡法不正确，且滑移	1
	二层台接线盒固定不牢	1
天车	天车电缆绑扎不规范	1
	防碰天车防碰绳过长且与重锤连接不规范	1
	绞车电子防碰天车传感器接线盒处未加弯头保护线缆	1
	天车电子防碰上限位电子防碰滞后，无防碰下限位	1
总计		21

3.2.2　隐患数据分析

为分析出井架隐患分布规律，将上述章节列举的隐患数据分类统计见图 3 - 10。

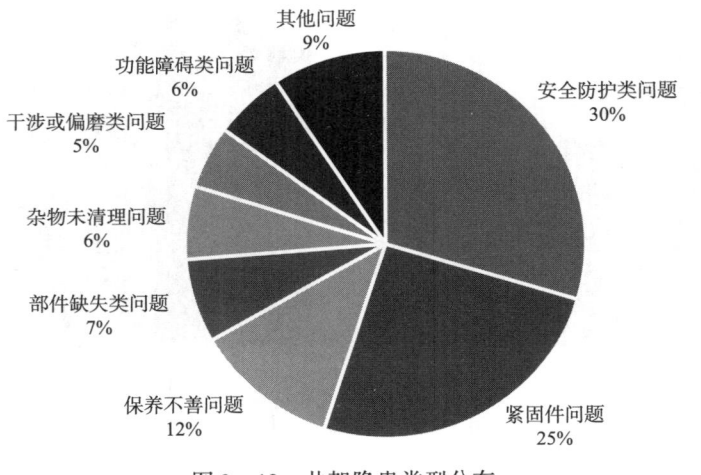

图 3 – 10 井架隐患类型分布

由图 3 – 10 可见，安全防护类问题和紧固件问题占比较大，两类隐患占据所有隐患半数以上。安全防护类问题多为护栏、护笼及安全链不符合要求，这类隐患虽然不对井架设备本身安全性造成影响，但对作业人员造成极大安全风险，需要在后续检测维保中加以重视。紧固件问题多为安全销别针缺失及螺栓松动，这类隐患会对井架结构的稳定性造成不利影响，尤其在风激励及作业振动双重作用下，一旦连接件或紧固件脱落会造成井架移位甚至倒塌的严重后果。因此，在日常作业中如发现螺栓松动、别针脱离等异常状况，应及时采取措施，避免发生意外事故。

此外，将查找出的隐患按照所处位置分类统计见图 3 – 11。由图可见，隐患发生在井架主体及二层台部位居多，分别占总体隐患数量的 42% 和 41%。

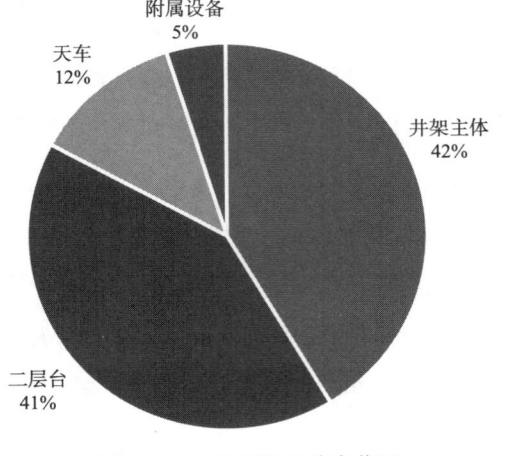

图 3 – 11 井架隐患分布位置

通过隐患梳理及分类统计，识别出了井架隐患分布规律，对隐患高发部位及常见隐患类型，在井架日常维保及检验检测时应重点关注。

3.3 使用维保注意事项

为最大限度减少井架隐患，除了定期做好检查外，还需要在使用维保期间注意以下事项。

（1）避免磕碰

井架在安装和使用过程中，严防对井架碰撞敲击，以免井架构件损坏、变形、腐蚀；在作业中防止游车、顶驱、吊环、吊卡等游动部件碰撞二层台舌台等部件；井架在运输、安装、操作中受到碰撞时，应对被碰撞的零件部件进行检查；严禁利用井架作为导向拖、拉重载设备。

（2）作业时避免骤加载荷

井架在钻完修井作业时应尽量避免骤加载荷，防止产生过大的冲击负荷。尤其是在较大的大钩载荷工况下，如下技术套管或处理井下卡钻等事故时，应缓慢加载和卸载，避免突然加载和紧急刹车，以确保井架安全。

（3）严控作业钩载范围

在使用井架过程中应根据铭牌上钩载、风速及二层台立根靠放量的函数曲线，保证指重表的读数不超过曲线示意的钩载范围。需要注意的是，加速度、冲击、排放立根和风载将降低最大钩载。

（4）严禁私自破坏构件结构

未经许可，不允许在井架上焊接、钻孔。

（5）损坏构件修理应咨询原厂

碰弯或损坏的构件必须修理，丢失的构件不能随意代替，应向制造厂家进行咨询。对损坏的构件进行修理，要尽量和制造厂协商，以取得对井架原材料及修理方法的确认。

（6）井架做好防腐保护

井架在正常使用期间，对井架的脱漆锈蚀部分应进行防腐保护，油漆脱落的部位按原颜色补漆。对钻井液、饱和盐水、硫化氢等侵蚀严重的部位，应在完钻后彻底进行一次除锈防腐处理。

3.4 本章小结

本章通过对收集调研的国内外现行石油井架相关标准进行梳理分析，将适用于海洋石油的标准条目进行摘录，编制了井架安全检查表。利用井架安全检查表对现场的海洋井架进行隐患排查，通过隐患梳理及分类统计，识别出了井架隐患分布规律。对隐患高发部位及常见隐患类型，在井架日常维保及检验检测时要重点关注。最后，提出了多条井架使用维保注意事项，以便最大限度减少井架隐患，降低钻完修井作业风险。

4　检验检测

在工程实际中，隐患排查类的安全检查，更多的是发现井架结构表观问题及管理方面不符合项。但对于井架钢结构来讲，要获取其更深层次的结构安全现状，还需要通过专业的检验检测工作来实现。目前，在石油行业内，井架检验检测通用的方式有八大件年检、作业前安全风险评估、井架应力监测和检测等。通过多种形式的检验检测工作，可及时发现井架服役期间结构承载能力不足等问题。

4.1　相关要求

海洋石油针对固定平台井架的检验检测，参照 Q/HS 9002.4—2019《海洋石油固定平台钻机　第 4 部分：维护、检测和检验》及 Q/HS 2007—2019《海上石油平台修井机规范》相关内容来执行。

4.1.1　检验要求

检验是指对井架符合规定要求的确定。井架相关检验要求见表 4 – 1。

表 4 – 1　井架检验要求

检验部位	检验项目	检验周期
井架	资料审核	年度检验/定期检验
	外观检验	年度检验/定期检验
	功能实验	定期检验
天车	资料审核	年度检验/定期检验
	外观检验	年度检验/定期检验
	天车防碰试验	年度检验/定期检验

4.1.2　检测要求

检测是指按照程序确定井架技术性能指标的活动，以识别和评估是否存在缺陷。井架相关检测要求见表 4 –2。

表4-2 井架检测要求

检测部位	检测项目	检测周期
通用	销子等连接件外观检查	定期检测
	井架支座、起升及伸缩油缸等结构及部件外观检查	年度检测/定期检测
	目视检查所有焊缝	推荐或必要时年度检测/定期检测
	关键区域焊缝无损检测	推荐或必要时年度检测/定期检测
	所有管类或(封闭型)构件超声波测厚	推荐或必要时定期检测
井架主体	结构外观检查	年度检测/定期检测
	井架承载能力检测	定期检测
	井架与转盘中心对中度检测	推荐或必要时年度检测/定期检测
二层台	结构外观检查	年度检测/定期检测
天车	外观检查	年度检测/定期检测
	防脱绳装置检查	年度检测/定期检测
	紧固件检查	推荐或必要时年度检测/推荐或必要时定期检测
	天车滑轮磨损量检测	年度检测/定期检测
	天车滑轮支架底座和滑轮轴无损检测	推荐或必要时年度检测/定期检测
	轴承摆动量检测	推荐或必要时年度检测/推荐或必要时定期检测
	底座无损检测	推荐或必要时年度检测/定期检测
	天车防碰试验	年度检测/定期检测

4.2 磁粉检测

4.2.1 基本原理

磁粉检测(Magnetic Particle Testing,MT)是通过磁粉在缺陷附近漏磁场中的堆积以检测铁磁性材料表面或近表面处缺陷的一种无损检测方法。磁粉检测的原理是铁磁性材料被磁化后,由于不连续性的存在,使工件表面和近表面的磁感线发生局部变形而产生漏磁场,吸附工件表面的磁粉。根据工件表面存在的磁粉,并在合适的光照情况下,一些存在缺陷的部位会看到目光可见的磁粉痕迹,根据相应的痕迹形状与位置,评价缺陷的严重程度。

4.2.2 技术特点

(1)优势

1)显示直观。磁粉检测最突出的特征就是能够直观地显示出缺陷的位置、大小、形状及严重程度，并可大致确定其性质，适合检测工件表面及近表面的裂纹、白点、疏松、冷隔、气孔和夹渣等缺陷。

2）检测灵敏度高。可以检测出 0.1mm 长，宽为微米级的裂纹。

3）适用面广。采用合适的磁化方法，几乎可以检测到工件的各个部位，基本不受试件大小和形状的限制。

此外，磁粉检测还具有操作简便、检测速度快、重复性好及成本低廉等优势。

（2）不足

1）磁粉检测仅限于铁磁性材料使用，对于非铁磁性材料无法实施检测。

2）磁粉检测只适用于检测表面及近表面缺陷，存在于远表面的内部缺陷则很难检测到。此外，该方法仅能显出缺陷的长度和形状，而难以确定其深度，也不能确定裂纹开口的大小与高度。

3）对被检试件的表面光洁度要求高。试件表面不得有油脂或其他能黏附磁粉的物质；如果工件表面有覆盖层，可能会影响磁粉的检测结果，需要打磨后才能进行。

4）检测灵敏度与磁化方向有很大关系，不适用于检测延伸方向与磁力线方向夹角小于 20° 的缺陷。检测可能会受到几何形状的制约，容易产生非相关显示。

5）必要时需要退磁处理。有些工件在检测完毕后还需要对表面进行退磁和清洗处理，工序相对比较复杂。

6）观察评定依赖于人工视觉，自动化程度不高。

4.2.3　检测工艺

井架在作业时主要承受两种工况：一是频繁的起下钻作业等准静态工况；二是偶然的大吨位解卡作业等动载工况。其中，循环的起下钻工况长期作用可能会使井架结构产生疲劳裂纹，而大吨位解卡等作业所带来的冲击载荷可能会产生意想不到的结构裂纹。无论哪种形式裂纹，对井架结构承载能力的影响都需要引起足够的重视。由于结构裂纹多为表面、近表面裂纹，且井架及底座为钢质结构，因此磁粉检测是发现裂纹的最佳手段。井架及底座的磁粉检测流程如下。

（1）确定检测部位。应选择井架主受力部位、损伤部位、受腐蚀部位、承受交变应力部位等关键焊缝进行磁粉检测。

（2）表面清理。用抛光机将被检关键区域焊缝表面及热影响区的油漆清理至见金属光泽。要确保被检测表面足够干燥和清洁，包括表面上的油脂、氧化皮、铁锈等，避免对最终检测结果造成负面影响。

（3）选择磁化方法。井架结构关键部位焊缝形式有对接焊缝、搭接焊缝、角焊缝和 T 形焊缝等多种形式，因此，检测设备宜选用磁化方式灵活、操作简便的磁轭作为主要检测设备。

（4）灵敏度试验。结构各部位磁场强度分布不均匀，检测前应当进行磁粉检测系统灵敏度校验，验证所用的检测工艺规程和操作方法是否妥当，了解被检测工件大致的有效检测区。

（5）磁化和喷洒磁悬液。为了提高磁粉检测对比度，在所需检测的焊缝表面喷洒适量反差增强剂，待反差增强剂干后，先用磁悬液润湿焊缝表面，在磁化的同时喷洒磁悬液。现场检测时常采用交流磁轭对焊缝进行交叉磁化。

（6）观察与记录。在磁化及喷洒磁悬液的同时，完成磁痕的观察记录，对于湿法非荧光磁粉，白光照度要求不小于1000lx。

（7）缺陷的评判。首先要鉴别磁痕显示是相关显示还是非相关显示或者伪显示，只有相关显示才是由缺陷引起的。如果确定是相关显示，再判断缺陷的性质是裂纹还是碰伤，再细分是纵向还是横向缺陷。对检测出的缺陷进行描述时，应尽量完整和准确。

（8）打磨后处理。打磨后部位需要补漆处理。具体补漆程序及验收要求参照相应标准执行。

井架磁粉检测部分关键程序如图4－1所示。

(a)表面清理　　　　　　　　(b)喷洒反差增强剂　　　　　　(c)喷洒磁悬液及磁化

图4－1　井架及底座磁粉检测关键程序

4.3　超声测厚

4.3.1　基本原理

超声波在传播介质中遵循着反射、折射及衍射等准则，超声检测就是利用超声波这些特性的一种常规的无损检测技术。它利用超声波在材料中传播时，遇到界面(如裂纹、气孔缺陷、不同介质等)反射回来的声信号特征，或声能在不同介质中衰减特征不相同等特性，来检测被测物内部情况。超声波测厚同样是基于超声波原理，通过观察显示在超声波测厚仪上的有关超声波在被检工件中发生的传播变化，从而来判定被检材料或工件的厚度。目前超声波测厚有脉冲反射法、共振法及兰姆波法三种方法，应用最为广泛的是脉冲反射法。

脉冲反射法超声测厚技术原理如下：超声波在同一均匀介质中传播时，其波速为一常数，故超声波脉冲自被测工件表面发出到接收底面反射脉冲的间隔时间与工件厚度成正比。当探头发射的超声波脉冲通过被测的物体到达材料的分界面时，脉冲被反射回探头，通过精确测量超声波在材料中传播的时间来确定被测物体的厚度，将这个时间转化为厚度值表示，即是被测工件的厚度。脉冲法超声波测厚示意如图4-2所示。

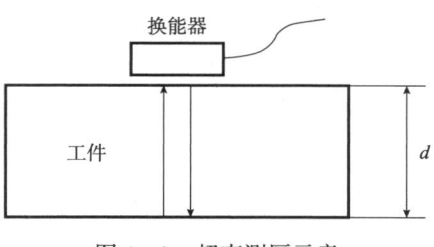

图4-2　超声测厚示意

采用超声脉冲回波法测量厚度时，厚度值(T)是声速与超声在材料中传播往返时间一半的乘积。

$$T = Vt/2 \qquad\qquad (4-1)$$

式中　T——厚度，m；

　　　V——声速，m/s；

　　　t——材料中超声传播的往返时间，s。

几种主要材料的声速见表4-3。使用时，如有必要应对材料进行实际声速测定。

表4-3　几种主要材料的纵波声速　　　　　　　　　　　　　m/s

材料	铝	钢	不锈钢	铜	锆	钛	镍
纵波声速	6260	5900	5790	4700	4310	6240	5630

在实际应用中，采用超声脉冲回波仪器测量超声脉冲通过被检工件的传播时间。图4-3所示为常用的脉冲式超声波测厚仪。

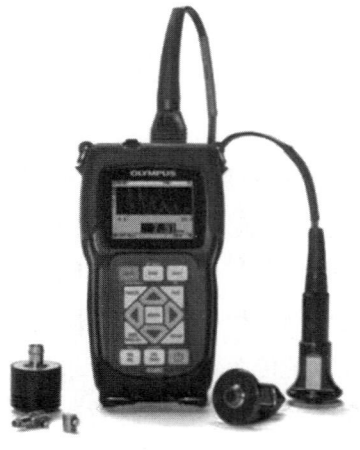

图4-3　某品牌精密测厚仪

4.3.2 技术特点

（1）优势

1）脉冲反射法超声波测厚测量范围宽，检测范围广，对声能衰减不太大的各种材料均能测量。该方法适用性强，对工件的表面光洁度要求不高，即便工件表面带有漆皮、锈层和腐蚀坑，通常无须打磨也可直接测厚。

2）脉冲反射法超声波测厚仪结构灵巧，操作简单，携带方便。使用该设备进行测厚具有成本低、测量迅速等优点，且整个检测过程不会对检测人员身体造成损害。

（2）不足

1）脉冲反射法超声波测厚一般只能测量厚度为 1mm 以上的材料。

2）它的检测方式需要耗费大量人力，高空、高温位置测量困难，存在较大的危险性。

3）检测精度不高，精确度也受耦合剂及操作人员技能水平等多方面因素的影响。

4.3.3 检测工艺

井架长期在海洋环境服役，不可避免会发生腐蚀及磨损等现象，进而造成结构件壁厚减薄。壁厚减薄也是影响结构承载能力的重要原因。为了获知井架关键杆件剩余壁厚，为评估结构现有承载能力提供数据支撑，现场通常利用超声测厚方式来实现（图4-4）。

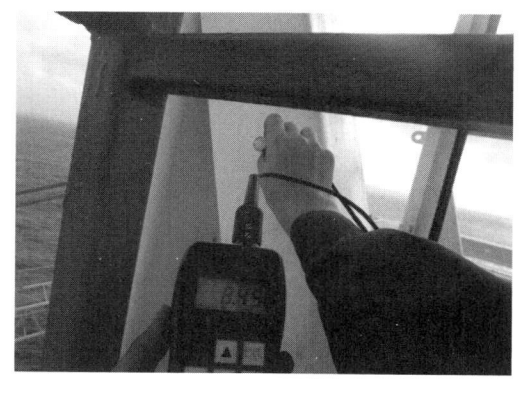

图4-4 井架关键杆件超声测厚

为精确获得井架各杆件的壁厚，提高检测效率，可采用具有穿透涂层测量功能的测厚仪，可避免油漆厚度及腐蚀层等因素对测量结果产生的影响。通过对全数目测观察检测后发现的重点锈蚀区域或其他所测区域，至少选取 3 点测量，取其最小值作为锈蚀后的构件实际厚度。

4.4　应变测试

由于海上钻修井作业强度大，受作业工况的影响，井架承载能力逐年降低，故进行井架承载能力评估愈加重要。再者，自从行业标准 SY/T 6326 出台之后，钻修机井架承载能力评估成为保证井架安全作业的必要程序。

应变测试的基本原理是：对井架逐级施加大钩载荷（以下简称钩载），通过布置在井架杆件上的应变传感器实时采集应变数据，并利用线性关系反推井架在设计最大钩载作用下的应力值，利用结构校核公式从强度、刚度及稳定性等几方面进行校核。

4.4.1　应变测试基本原理

应变的测定方法有很多种，大致分为机械、光学及电子测定法。考虑物体的应变，从几何学角度上看都是表现为物体上两点间距离的变化，任何方法都是以对其距离变化进行测量为基础。物体材料的弹性系数在已知的情况下，根据应变可以计算出应力。所以，经常通过测量应变以计算由于外力的作用而在物体内部产生的应力。电阻应变测试属于实验应力分析方法中的电测方法，可以测量力、压力、位移、应变及加速度等非电量参数，目前应用最为广泛。

（1）电阻应变片种类

电阻应变片（也称应变计、应变传感器）是指能将工程构件上的应变，即尺寸变化转换成为电阻变化的变换器。除了常用的品种和规格外，还有各种不同用途的应变计，如温度自补偿应变计、大应变应变计、应力计、测量残余应力的应变花等。

按敏感栅的材料不同，电阻应变片分为金属电阻应变片和半导体应变片两类。金属电阻应变片又可分为三种：金属丝式应变片、金属箔式应变片及金属薄膜应变片。

丝绕式应变片用直径为 0.02～0.05mm 的康铜丝或镍铬丝绕成栅状，这是因为既希望增加金属丝的长度以增大其电阻改变量，提高测量精度，又希望减小应变片的标距 l，以反映"一点"处的应变。将金属丝栅粘固于两层绝缘的薄纸（或塑料薄膜）之间，丝栅的两端用直径为 0.2mm 左右的镀银铜线引出，以供测量时焊接导线之用。

箔式应变片是为减小应变片的尺寸，利用光刻技术将康铜箔或镍铬箔腐蚀成栅状，然后粘固于两层塑料薄膜之间而制成。

半导体应变片是利用半导体的应变效应（应变与电阻变化率成正比），将半导体粘固于塑料基体上而制成。

目前市面上有更为先进的无线应变传感器，可进行多次拆卸重复使用，且支持长期应变监测。例如，美国 BDI（Bridge Diagnostics Inc）公司及江苏东华测试技术股份有限公司的无线应变传感器（图 4-5），在海洋石油结构应变测试中均有较好的应用效果。

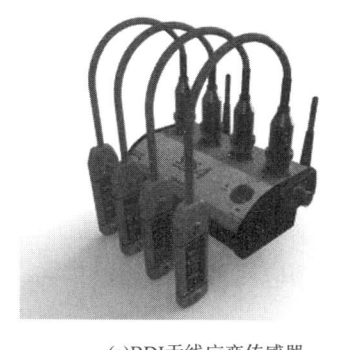

(a)BDI无线应变传感器

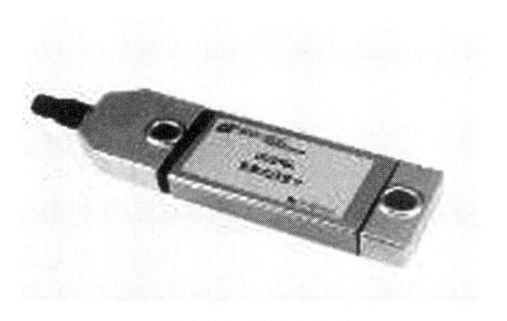

(b)东华测试无线应变传感器

图4-5　无线应变传感器

（2）电阻应变片结构

电阻应变片一般由敏感栅、引线、黏结剂、基底和盖层组成（图4-6）。应变片是把一段很细的高电阻率的金属丝在制片机上排绕以后，用黏结剂粘贴在基底上，再焊上较粗的引出线就成了常用的丝式应变片。使用时只要把它牢牢地粘贴在被测构件表面，构件的应变经过黏结剂、基底、黏结剂传给金属丝。制造敏感栅的常用材料有铜镍合金（康铜）、镍铬系合金、铁铬铝合金、镍铬铁合金、铂和铂合金等。

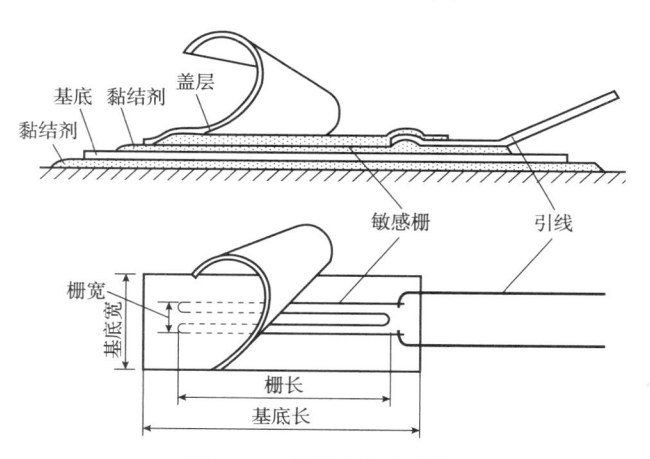

图4-6　电阻应变片结构

（3）电阻应变片测量原理

用应变片测量受力构件应变时，将应变片粘贴于被测对象表面。在外力作用下，被测对象表面产生微小机械变形时，应变片敏感栅也随同变形，其电阻值发生相应变化。由物理学可知，导体在一定的应变范围内，其电阻改变率 $\Delta R/R$ 与导体的弹性线应变 $\Delta l/l$ 成正比，即：

$$\frac{\Delta R/R}{\Delta l/l} = K_s \qquad (4-2)$$

式中　K_s——材料的灵敏因数，常数。

金属丝制造成应变片后，由于金属丝回绕形状、基体和胶层等因素的影响，应变片的灵敏因数为：

$$K = \frac{\Delta R/R}{\varepsilon} \qquad\qquad (4-3)$$

式中　　ε——沿应变片长度方向的线应变。

应变片的灵敏因数 K 与制造应变片材料的灵敏因数 K_s 值不尽相同。应变片的灵敏因数 K 值通过实验测定，一般均由应变片的制造厂提供，常用应变片 K 值为 $1.7 \sim 3.6$。

电阻应变片的基本参数为灵敏因数 K、电阻值 R、标距 l 和宽度 a。显然，由应变片测得的应变实际上是标距和宽度范围内的平均应变。因此，当需要测量一点处的应变时（如应力集中处的最大应变），应选用尽可能小的应变片；而当需要测量不均匀材料（如混凝土）的应变时，则需选用足够大的应变片，以得到测量范围内的平均应变值。由于构件测点处的应变是通过应变片的电阻变化来测量的，所以，应变片粘贴的位置要准确，并保证它随同构件变形。此外，还要求应变片与构件间有良好的绝缘。

4.4.2　电阻应变片的使用

（1）应变测试系统

电阻应变法测定载荷利用由应变片、应变仪和指示记录器组成的测量系统（图4-7）进行测量。先将应变片粘贴在待测工件上，在工件受载变形后应变片中的电阻随之发生变化，经应变仪组成的测量电桥使电阻值的变化转换成电压信号并加以放大，最后经指示器或记录器显示出与载荷成比例变化的曲线，通过标定就可以得到所需数据值的大小。

图4-7　应变测试系统

（2）电阻应变片的选择

在应变测试中，首要工作是要选择合适的应变片。可从以下几个方面考虑，再根据测试的具体条件来确定。

1）电阻应变片应具有的基本特性：具有适当的线性灵敏系数，并且稳定性较高；具有蠕变自补偿功能；具有小的电阻温度系数，热输出小，零点漂移小；横向效应系数小，机械滞后小，疲劳寿命高；能够在较宽的温度范围内工作；适用于动态和静态测量。

2）应变片结构形式的选择

根据应变测量的目的、被测试件的材料、被测试件应力状态以及测量精度，选择应变片的结构形式。只用一个敏感栅的应变片，适用于测量单向应变。测量平面应力场的应变时，可采用应变花。应变花是一种具有两个或两个以上不同轴向敏感栅的电阻应变片，用于确定平面应力场中主应变的大小和方向。

3）应变片尺寸的选择

选择应变片尺寸时应考虑应力分布、动静态测量、弹性体应变区大小等因素。若材质均匀、应力梯度大，应选用栅长小的应变片；若材质不均匀而强度不等的材料（如混凝土）或应力分布变化比较缓慢的构件，应选用栅长大的应变片。

4）使用温度的选择

使用环境温度对应变片的影响很大，应根据使用温度选用不同丝栅材料的应变片，国家标准中规定的常温应变片使用温度为 − 30 ~ 60℃。

5）蠕变的选择

应变片一般由弹性体、应变片、黏结剂、保护层等部分组成，弹性体金属材料本身存在的弹性后效以及热处理工艺等原因可以造成负蠕变影响，因此传感器的蠕变指标是由各种因素综合作用最终形成的。一般规律是：同一种结构形式的应变片量程越小，应变片的蠕变越正，应该选用蠕变补偿序号更负的应变片来与之匹配。

6）温度补偿

被测定工件都有自己的热膨胀系数，会随着温度的变化伸长或缩短。因此，如果温度发生变化，即使不施加外力，贴在被测定物上的应变片也会测到应变。为了解决这个问题，可以应用温度补偿法。

（3）黏结剂的选择及应变片粘贴

应变片粘贴是应变片测量技术准备工作中最重要的一项，其粘贴质量的优劣，直接关系到测量的成败。在应变测量中，构件表面的变形由干固的胶层传给基底，再由基底传给敏感栅。显然，只有胶层均匀，不脱胶，不产生蠕滑，才能保证敏感栅如实地再现构件的变形。

把应变片粘贴在构件表面上有不同的安装方法：用纸、胶膜、玻璃纤维布作基底的应变片，用黏结剂粘贴；用金属薄片或金属网作基底的应变片，用点焊或滚焊固定在金属构件上；对于临时基底型应变片，用黏结剂或用氧炔焰或等离子焰将金属氧化物熔化并喷涂的方法，将敏感栅固定于金属基底或构件表面上。

为了更好地使应变片真实地反映构件的应变，黏结剂应满足以下要求：有较好的黏结能力，抗剪强度要高（不低于100MPa），以便可靠地传递应变；在不利环境下也能保持较高的绝缘电阻；线胀系数与材料相近，无明显的蠕变和滞后现象；不易吸潮，对丝无腐蚀作用；粘贴方便，固化干燥程序简单，时间短，固化干燥后收缩小。根据以上的参数，目前工程上常选用的黏结剂主要有硝化纤维素胶、KH − 502 胶及环氧树脂黏结剂等。

4.4.3　应变测试方案

（1）测试仪器

目前井架应力测试常采用 BDI 无线应变测试系统（图 4 - 8）。系统包括应变传感器、节点模块、工作基站及移动电源等。BDI 应变传感器具有高精、智能、便携、高效的优点。系统采用无线测量技术，免除了电缆运输和连接的繁重工作，大大地提高了测试效率和测试人员的安全性，非常适合在石油井架等塔架结构中使用。

图 4 - 8　BDI 无线应变测试系统

（2）布点方案

布点位置的确定应依据 SY/T 6326 测点布置原则，同时结合现场情况，在满足标准要求的前提下尽量选择现场易操作的位置，一般选择在井架二层台及井架大腿两个截面，如图 4 - 9 所示。单根杆件测点布置原则如图 4 - 10 所示，应变传感器安装示意如图 4 - 11 所示。

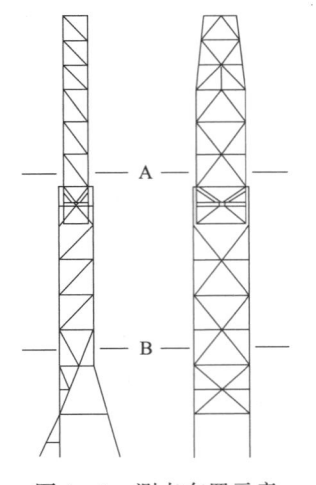

图 4 - 9　测点布置示意

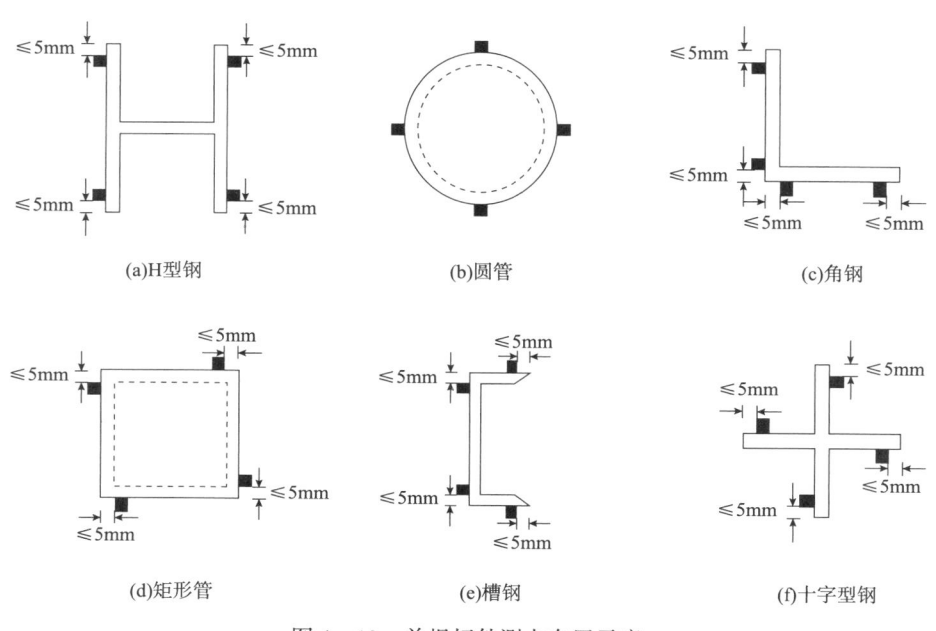

(a)H型钢　　　　　　　　(b)圆管　　　　　　　　(c)角钢

(d)矩形管　　　　　　　　(e)槽钢　　　　　　　　(f)十字型钢

图 4 - 10　单根杆件测点布置示意

注:"■"表示测点位置

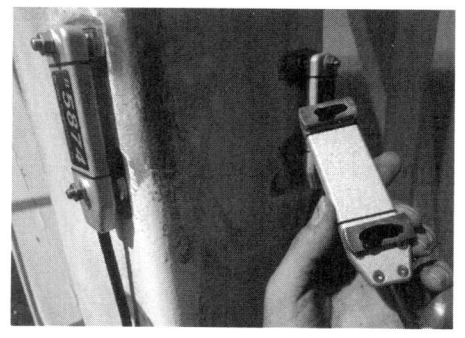

图 4 - 11　应变传感器安装示意

（3）加载工况

测试载荷为钩载,按要求应不小于设计最大钩载的 20%。为保证数据准确性,重复 3 次测试,每次测试不少于 5 个载荷值。测试前仪器初始化调零,加载时每一级载荷静止 30s 以便记录数据。加载方式利用大钩上提钻具或加载工装,通过指重表直接读取施加载荷值。

（4）测试数据采集

按照加载方案进行逐级加载,某次井架应力测试采集的应变数据见图 4 - 12。

通过提取应变传感器采集的应变数据,线性反推计算出井架在最大钩载作用下的应力值,最后利用结构校核公式进行校核。

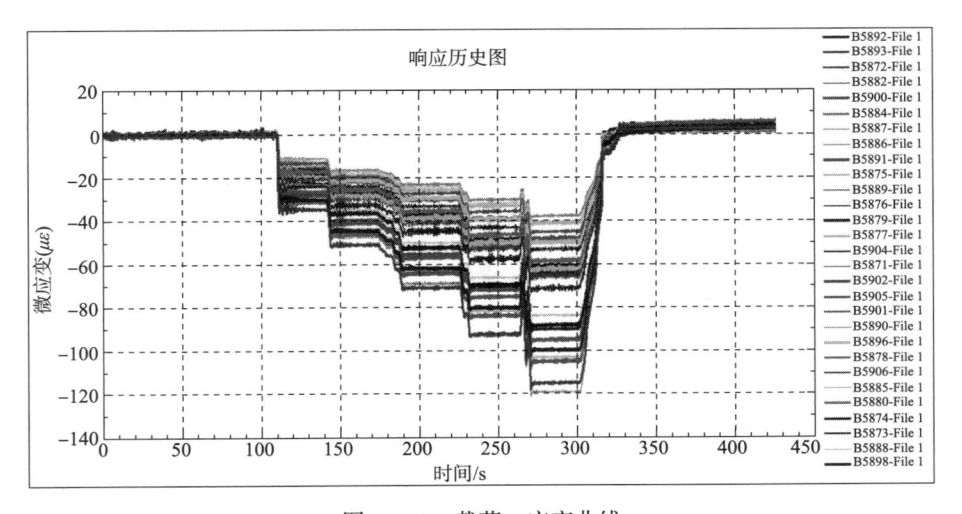

图 4 - 12　载荷 - 应变曲线

4.4.4　加载工装研制

现场应变测试的关键步骤即是对井架加载，在井架进行作业时可利用井下工具（钻具）的自重进行加载；而当现场停工井下无工具时，则需要工装进行辅助加载。为研制出通用性强的新型工装，在充分调研各种海洋修井机结构特点基础上，依据现场应力测试工况，进行了工装设计及加工。

（1）工作原理

在利用工装进行加载时，将工装固定在转盘梁或上底座梁下，工装用索具与大钩连接，通过大钩提升加载而使井架受压缩产生压应力，进而进行应变数据采集。工装工作原理如图 4 - 13 所示。

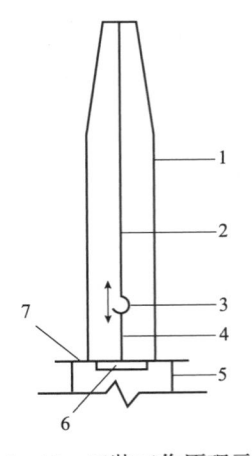

图 4 - 13　工装工作原理示意

1—井架；2—大绳；3—大钩；4—工装配套索具；5—底座；6—工装；7—转盘梁

（2）设计要求

工装设计的最主要参数要满足承载能力要求。通过调研，海上石油平台修井机主要有HXJ90、HXJ112、HXJ135、HXJ158、HXJ180、HXJ225等型号，标准中规定测试钩载应不小于设计最大钩载的20%。按照标准要求，以井架承载能力最大的HXJ225修井机为例，工装设计承载能力应大于450kN（2250kN×20%）。此外，应力测试时在不超过井架及底座承载能力的前提下，施加的测试载荷尽可能大，以便减小数据误差。因此，综合考虑要求整套工装设计承载能力不小于800kN，且留有一定的安全余量。

设计加工出两种结构形式的工装如图4-14、图4-15所示。

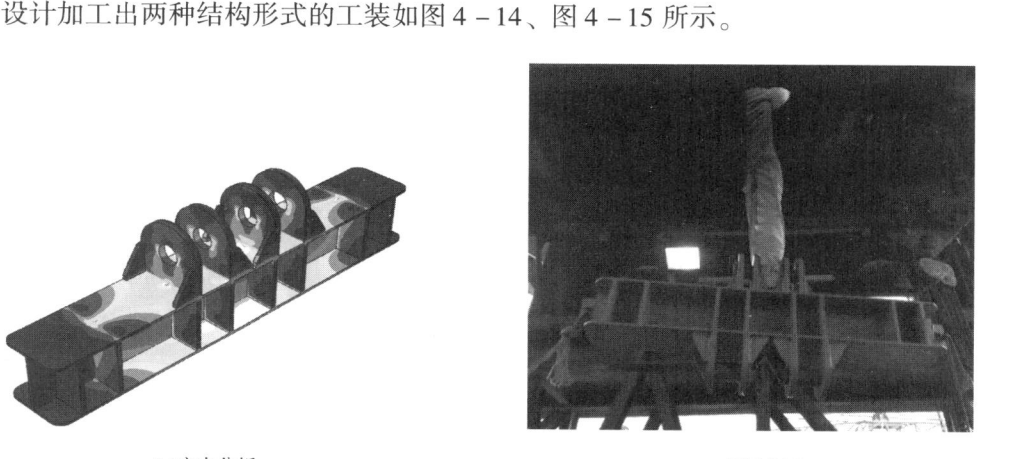

(a)应力分析 (b)现场应用

图4-14 小型加载工装

图4-15 大型组合式加载工装

所设计加工的工装现场应用表明：工装整体受力稳定，操作方便，适用性强，可大幅提高海洋修井机井架应力测试工作效率。

4.4.5 结构校核

4.4.5.1 校核原理

对于石油钻机、修井机井架的承载能力极限状态计算按 AISC 335—1989 的规定进行。井架强度应满足式(4 −4)和式(4 −5)的要求。

$$\frac{f_a}{F_a} + \frac{C_{mx}f_{bx}}{\left(1 - \dfrac{f_a}{F_{ex}'}\right)F_{bx}} + \frac{C_{my}f_{by}}{\left(1 - \dfrac{f_a}{F_{ey}'}\right)F_{by}} \leq 1.0 \tag{4 − 4}$$

$$\frac{f_a}{0.60F_y} + \frac{f_{bx}}{F_{bx}} + \frac{f_{by}}{F_{by}} \leq 1.0 \tag{4 − 5}$$

当 $f_a/F_a \leq 0.15$ 时，井架强度应满足式(4 −6)的要求。

$$\frac{f_a}{F_a} + \frac{f_{bx}}{F_{bx}} + \frac{f_{by}}{F_{by}} \leq 1.0 \tag{4 − 6}$$

在式(4 −4)~式(4 −6)中，与下标 b、m 和 e 结合在一起的下标 x 和 y 表示某一应力或设计参数所对应的弯曲轴。

式中　f_a——井架承受设计最大钩载时测试杆件的轴心拉压应力，MPa；

　　　F_a——只有轴心拉压应力存在时容许采用的轴心拉压应力，MPa；

　　　f_{bx}——井架承受设计最大钩载时测试杆件的 x 轴压缩弯曲应力，MPa；

　　　f_{by}——井架承受设计最大钩载时测试杆件的 y 轴压缩弯曲应力，MPa；

　　　F_{bx}——只有弯矩存在时 x 轴容许采用的弯曲应力，MPa；

　　　F_{by}——只有弯矩存在时 y 轴容许采用的弯曲应力，MPa；

　　　F_{ex}'——x 轴除以安全系数后的欧拉应力，MPa；

　　　F_{ey}'——y 轴除以安全系数后的欧拉应力，MPa，采用式(4 −7)进行计算；

　　　F_y——材料屈服应力，MPa；

C_{mx}、C_{my}——系数，对于端部受约束的构件：$C_m = 0.85$。

$$F_e' = \frac{12\pi^2 E}{23\,(Kl_b/r_b)^2} \tag{4 − 7}$$

式中　E——弹性模量，MPa；

　　　l_b——弯曲平面内的实际无支撑长度，mm；

　　　r_b——回转半径，mm；

　　　K——弯曲平面内的有效长度系数。

当只有轴心拉压应力存在时容许采用的轴心拉压应力 F_a 按下列公式计算。

(1)当任一无支撑部分的最大有效长细比 $Kl/r < C_c$ 时，横截面符合 AISC 335—1989 标准 1.9 节的规定，其毛截面上的容许拉压应力 F_a 按式(4 −8)计算：

$$F_a = \frac{\left[1 - \frac{(Kl/r)^2}{2C_c^2}\right]F_y}{\frac{5}{3} + \frac{3(Kl/r)}{8C_c} - \frac{(Kl/r)^3}{8C_c^3}} \qquad (4-8)$$

其中：

$$C_c = \sqrt{\frac{2\pi^2 E}{F_y}} \qquad (4-9)$$

式中　Kl/r——有效长细比；

　　　　l——弯曲平面内的实际无支撑长度，mm；

　　　　r——回转半径，mm；

　　　　K——弯曲平面内的有效长度系数；

　　　　F_y——杆件材料的最小屈服应力，MPa；

　　　　C_c——区分弹性和非弹性屈曲的杆件的长细比。

（2）当 $Kl/r > C_c$ 时，轴心受拉压构件毛截面上的容许拉压应力按式(4-10)计算：

$$F_a = \frac{12\pi^2 E}{23(Kl/r)^2} \qquad (4-10)$$

4.4.5.2　校核软件开发

在利用校核公式进行井架承载能力评估工作中，计算过程烦琐、复杂。针对这种状况，基于 SY/T 6326 标准，采用 VB 软件编程开发了井架承载能力评估分级软件。主要用于井架承载能力评估工作中数据处理、计算和结果存储等工作。

（1）软件特点

数据录入方式简便：后台可存储常见井架基本参数，直接选择并导入后台参数，在此基础上也可对基本参数进行修改，使数据录入工作简便易行。同时，也可通过依次输入基本参数方式录入数据。

灵活选择试验载荷次数：可根据海上井架承载能力评估工作情况，选择测试点位置和试验载荷次数（一般为 1~5 次），并录入试验测试数据。

自动拟合额定载荷下应力值：对输入应力值进行拟合，输出拟合的井架设计最大载荷下应力值、拟合应力图线和拟合应力公式。

灵活性和可靠性：软件中按照杆件参数—测试数据—计算—结果输出的顺序进行限制，完成上一步工作后才可进入下一步操作，对错误操作通过情况使用 Message Box 进行了限制。

计算结果和数据存储：通过计算，输出 UC 值、实际承载能力评级结果等重要参数，并可对计算过程中重要参数进行存储。

（2）软件结构

软件结构如图 4-16 所示，软件操作部分界面见图 4-17。

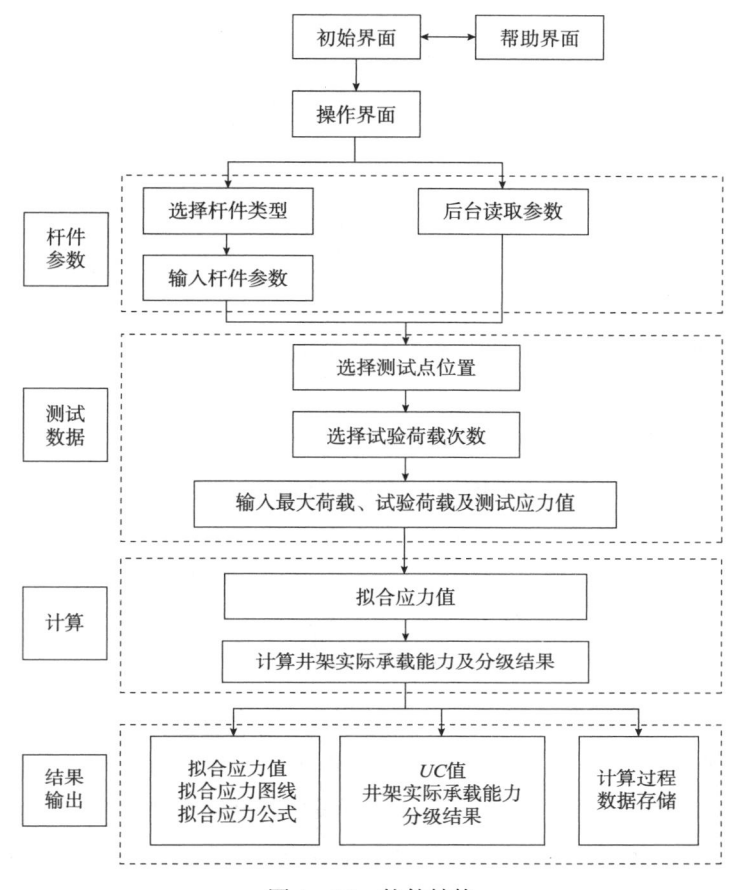

图4-16 软件结构

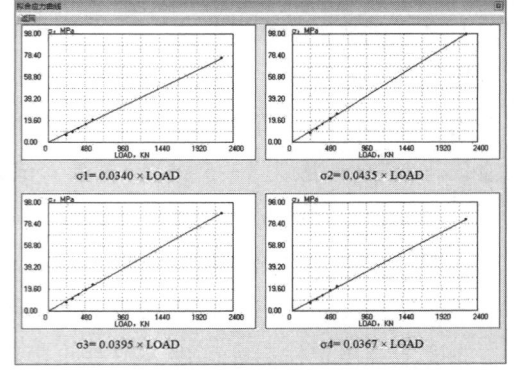

(a)软件计算界面   (b)应力拟合界面

图4-17 井架承载能力评估分级软件界面

依据实例校核结果及验证:

某井架主肢为矩形钢,截面尺寸:长 $a = 200\text{mm}$、宽 $b = 180\text{mm}$、厚 $t = 8.5\text{mm}$,井架上段断面 A 处杆件无支撑长度 $l_A = 2400\text{mm}$,井架下段断面 B 处杆件无支撑长度 $l_B =$

2625mm。钢材为 Q345A，弹性模量 $E = 2.06 \times 10^5 \text{MPa}$，屈服极限 $F = 345 \text{MPa}$。

将井架相关力学参数、杆件参数及测试数据输入软件中，计算出结构校核系数 UC 值如表 4 - 4 所示。

表 4 - 4　井架结构校核系数 UC 值

杆件位置	第一次测试	第二次测试	第三次测试
第六节右后腿	0.39	0.43	0.42
第六节左后腿	0.38	0.45	0.43
第六节右前腿	0.50	0.57	0.55
第六节左前腿	0.45	0.53	0.53
第一节右后腿	0.28	0.33	0.32
第一节左后腿	0.28	0.32	0.31
第一节右前腿	0.25	0.25	0.23
第一节左前腿	0.24	0.27	0.26

为验证软件计算程序正确无误，采用其他多种方式对计算结果复验，证明软件计算结果可靠。

4.4.6　应变测试历史数据分析

为了分析海洋环境下井架承载能力降低规律，收集并分析 85 份井架应力测试报告，统计出井架随服役年限增加而承载能力降低规律如图 4 - 18 所示。

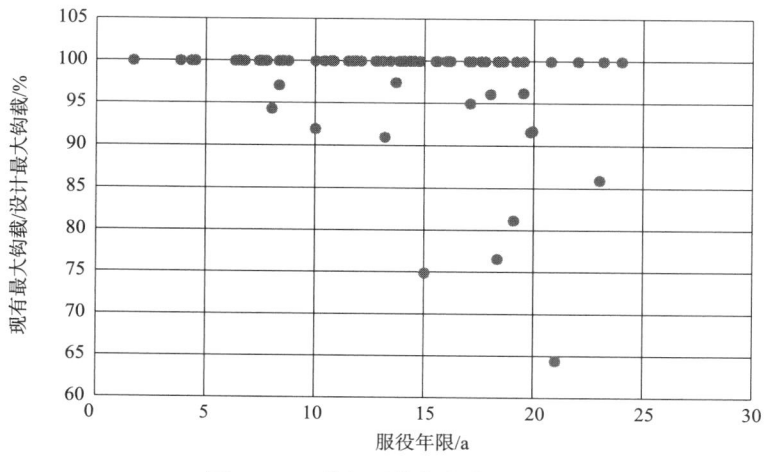

图 4 - 18　井架承载能力降低规律

根据 SY/T 6326—2019 中 9.2.2 节要求，在用海洋井架检测评定周期为：井架出厂年限达到第 4 年进行第一次检测评定；评为 A 级和 B 级且使用年限超过 8 年的井架每两年检测评定一次；评为 C 级的井架每年检测评定一次；在加密井、交叉作业密集型或环境恶劣等风险性大的场所作业的钻机和修井机建议缩短检测周期。

由图4-18统计分析数据可见，海洋井架在服役第8年首次出现承载能力降低情况，故建议海洋井架出厂年限达到第8年进行第一次检测评定。且井架服役超过15年后，承载能力降低的比例有大幅度增加，故建议井架服役超15年后每两年检测评定1次。优化后的检测周期大于现行标准要求，可在一定程度上降低检测成本。

但针对以下特殊情况应加做承载能力测试：井架主要承载件在使用过程中出现开裂、弯曲、变形等现象，经修复后的；在使用过程中发生井架摔落、顶天车等事故的；井架经改装和大修的；井架遭受火灾、硫化氢等腐蚀性气体腐蚀过的；重大自然灾害，可能对井架造成影响的。

4.5　伸缩式井架动态功能测试

对伸缩式井架需要进行上体收缩、伸出，井架放倒、竖起功能试验，以验证井架起放及伸缩机构完好性。该功能测试流程方法可为类似伸缩式井架起放测试提供参考。

4.5.1　井架上体伸出

（1）抬起伸缩液缸控制阀手柄，使伸缩缸缓慢上升300~400mm，经过观察，无窜动现象，油路管线无漏油现象，井架伸缩缸顺利伸出，发现井架左上方有两个扶正器未能自动打开。

（2）待上节井架伸出至高于承载块位置50mm左右时，把伸缩液缸控制阀手柄置中位；抬起承载销控制阀，承载销顺利伸出，承载销控制阀手柄置中位，打开井架上体缩回开关阀，上节井架缓慢下放，承载块完全坐在承载销上。承载销工作正常。

井架上体伸出现场测试见图4-19。

图4-19　井架上体伸出

4.5.2　井架上体收缩

（1）摘开井架照明电路插销，承载机构安全销顺利拔出。

（2）将伸缩液缸控制阀手柄从中位抬起，上节井架伸出 50～100mm，压下承载销控制阀手柄，承载销顺利缩回，打开井架上体缩回开关阀，上节井架缓慢缩回，上节井架完全缩回后，关闭井架上体缩回开关阀，井架缩回时各构件动作正常，无卡阻现象。

井架上体收缩现场测试见图 4－20。

图 4－20　井架上体收缩

4.5.3　井架放倒

（1）井架在放倒前，经检查井架上无异物。井架上紧固件无松动现象，无与井架起升干涉的其他零部件及杂物。

（2）取出井架前双腿大端固定销。

（3）操作起升液缸控制阀。提升该阀手柄，加压至 2MPa，打开控制起升液缸排气开关阀，反复数次，观察气泡监测器，确保油缸中空气排净，然后关闭排气开关阀，压下起升液缸控制阀手柄，井架平稳放倒。

（4）起升液缸缩回的顺序是：活塞杆、内缸、中缸。起升液缸缩回正常。

（5）操作主滚筒使大钩落在钩托架盒上。

（6）待井架放倒至前支架上方 200～500mm 时，减慢下放速度，使井架头枕缓慢落在前支架上。

井架放倒现场测试见图 4－21。

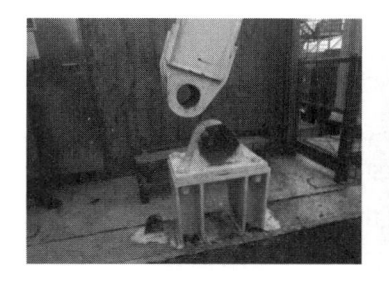  

图 4 - 21　井架放倒

4.5.4　井架竖起

（1）井架在起升前，经检查井架上无异物。井架上紧固件无松动现象，无与井架起升干涉的其他零部件及杂物。

（2）操作起升液缸控制阀。提升该阀手柄，加压至 2MPa，打开控制起升液缸排气开关阀，反复数次，观察气泡监测器，确保油缸中空气排净，然后关闭排气开关阀。再次提起起升液缸控制阀手柄，起升液缸缓慢伸出。

（3）起升液缸伸出的顺序是中缸、内缸、活塞杆。

（4）待井架下体起升至临近垂直位置时，准备好井架前双腿连接销，到位后插上销子并装上弹簧卡，双腿连接销安装顺利无卡阻现象。

井架竖起现场测试见图4-22。

图4-22 井架竖起

4.5.5 井架起放注意事项

（1）井架上所有挡块和导向件的滑动接触表面要干净，不能有硬结的油污、砂子等异物，每次收缩井架前要用干净的润滑脂润滑这些表面。

（2）定期检查锁紧机构，如果它们移动困难，需放下井架，然后拆卸，清洗锁销机构和锁销气缸上异物，并用润滑脂润滑转副和活塞杆部分。

（3）井架升起后，起升油缸和伸缩油缸柱（活）塞表面应涂润滑脂，最好能用外套保护柱塞外表面。

（4）井架起升、下落及伸缩前，必须清理现场，清除油缸活塞、柱塞异物，理顺大绳和液压小绞车绳。

（5）井架起升、下落及伸缩前，操作人员必须熟悉操作规程，熟练掌握液压控制板各操作手柄功能。

（6）井架起升、下落及伸缩时，必须排放液压系统各油缸空气。

（7）井架起升、下落及伸缩时，井架上、井架前后不得有人。

（8）井架起升、下落及伸缩时，应特别注意观察各油缸压力表，压力超高将引起重大事故。

（9）井架起升、放倒之前，液压油箱的液位应在适当位置；井架起升前，检查油箱液位，液位应在上油标范围内，液面过低，油箱缺油，二层井架伸出不到位。井架放落前检查液位应在下油标范围内，液位过高，收回、放倒井架时，油箱有可能发生溢油。

（10）大风天气，需谨慎评估进行"对井口""起升井架""放落井架""井架对转盘中心调整"等作业。

4.6 本章小结

本章梳理分析了海洋井架检验检测相关要求，并分别详细介绍了磁粉检测、超声测厚、应变测试及伸缩式井架动态功能测试等方法与应用案例。结合隐患排查相关工作，实现目检、设备检测及功能测试等多方式融合的井架检验评估体系，可全面系统地评判井架质量安全现状。

5　有限元分析

　　现场应力测试能最真实反映井架现有承载能力，但只能评估出井架静载、无风等理想工况下的受力状态，有一定局限性。为全面评估海洋石油井架安全状况与作业能力，需要对其进行多种工况下的有限元分析，研究其现有承载能力，以此弥补现场测试的不足。

5.1　有限元法原理

5.1.1　有限元概述

　　有限元法全称有限单元法（Finite Element Method，FEM），是用有限代替无限、用简单代替复杂、用离散代替连续后再进行求解的一种方法。

　　对于一个复杂的真实物理系统（几何和载荷工况），很难通过直接求解来获得想要的结果，利用有限元法可以建立一个离散化有限元模型，即把这个复杂的分析结构离散成有限数目的单元，单元与单元之间的数据传递通过节点来实现，从而形成一个单元的几何体代替原来的系统。它将求解域看成由许多有限单元的小的互连子域组成，对每一单元假定一个较简单的近似解，然后推导求解这个域总的满足条件，从而得到问题的解。因为实际问题被较简单的问题所代替，所以这个解并不是准确解，而是近似解。由于大多数实际问题难以得到准确解，而有限元法不仅计算精度高，能适应多种复杂形状，在求解时还能借助计算机强大的计算功能，因此不断被应用于各种新的领域。

5.1.2　有限元求解过程

　　有限元法具体的求解流程为：连续体离散化、单元分析、总体合成、确定约束条件、求解有限元方程。

　　（1）连续体离散化

　　有限元模拟的第一步都是用一个有限单元的集合离散系统的实际几何形状，每一个单元代表这个实际系统的一个离散部分。这些单元通过共同节点来连接，每个连接点称为节点，节点和单元的几何称为网格。载荷通过节点在各单元之间进行传递，这种由单元和节点构成的集合体称为有限元分析模型。

（2）单元分析

在连续体离散化后就可以进行单元特性分析，即分析单元的内力与位移之间的关系式，建立单元刚度矩阵，形成单元刚度方程。确定好单元的位移模式后，则可进行单元力学特性分析，将作用在各个单元上的力等效移置为节点载荷，根据单元的尺寸、形状、材料性质、节点数目、位置及其含义等，应用相关力学原理建立单元内节点位移与节点力之间的关系式，最终导出单元的刚度矩阵。

（3）总体合成

在完成所有单元的单元分析后，需要进行单元组集，也就是将所有单元的刚度矩阵整合成为整体刚度矩阵，并将各单元的节点力矢量合并为总的力向量，从而得到总体的平衡方程。各个单元的函数和状态变量必须有高度的连续性，这是矩阵方程求解时对近似解求解域离散域的要求，也是实际问题连续性的保证。

（4）确定约束条件

上述步骤形成的整体平衡方程是一组线性代数方程。在求解之前，必须根据具体的求解情况，分析和确定求解问题的边界约束条件，并对方程进行适当的修正。边界的约束条件包括应力边界条件、位移边界条件以及混合边界条件，不同的求解问题所对应的边界条件是不同的。

（5）求解有限元方程

根据边界条件修正得到总体有限元方程组，接下来要做的就是求解方程，通过解方程即可求得各节点的位移，进而根据位移计算单元的应力及应变。将求解的结果和设计的允许值进行对比，最终确定是否需要重新计算。

5.2　有限元软件介绍

5.2.1　有限元分析步骤

第 5.1 节简述了有限元法分析的完整过程，各类有限元软件也是按照这一过程进行数值模拟分析的。使用有限元软件进行分析的步骤主要有三部分：前处理、求解和后处理。其中，前处理是将所研究的物理问题转化为有限元模型，具体包括建立几何模型、设置材料属性、划分网格以及设置边界条件和载荷。求解部分需要根据问题的类型选择相应的求解器，进行与求解相关的设置并提交运算。后处理则是对计算结果的查看，可以根据需要选择相关的输出量进行可视化展示。有限元法构造一个分析模型应遵循的一般步骤如图 5-1 所示，大致分为以下 9 步。

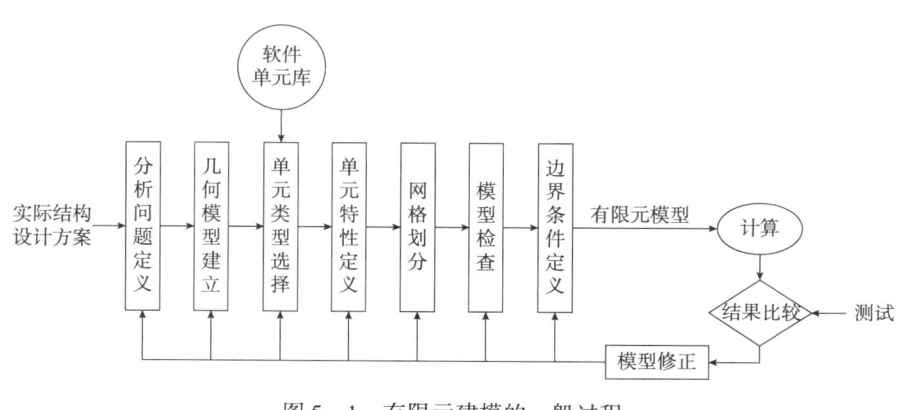

图 5 - 1　有限元建模的一般过程

（1）在进行有限元分析之前，首先应对分析对象的形状、尺寸、工况条件、材料类型、计算内容、应力和变形的大致规律等进行分析。

（2）建立几何模型时，应根据对象的具体特征对形状和大小进行必要的简化、变形和处理。

（3）单元类型选择应根据结构的类型、形状特征、应力和变形特点、精度要求和硬件条件等因素进行综合考虑。

（4）进行材料特性、物理特性、辅助几何特征、截面形状和大小等单元特性定义，在生成单元之前应定义出描述单元特性的各种特性表。

（5）对模型进行网格划分和检查。

（6）定义载荷、位移约束等边界条件。

（7）提交作业。

（8）结果显示可视化。

（9）有限元模型修正。

5.2.2　有限元软件

基于有限单元法的概念，市面上开发了大量适用于工程结构设计领域的有限元程序。有限元软件从 20 世纪 80 年代兴起，到现在多达几百种。目前，有限元分析软件总体上可以分为三大类：通用有限元分析软件、专用有限元分析软件和嵌套在 CAD/CAM 系统中的有限元分析模块，其中在海洋油气井架安全评估中应用较为广泛的有 SACS、ANSYS 和 ABAQUS 等。

（1）SACS

SACS（Structural Analysis Computer System）有限元软件是 EDI（Engineering Dynamics, INC.）开发的一款主要用于海洋工程结构计算的软件，该软件在 1974 年得到商业应用，2011 年美国 Bentley 软件公司收购了 EDI 公司。SACS 软件的适用范围广，应用范围主要涉及石油与天然气、海上风电等各种海洋结构物的设计、制造与安装等分析，其运算结果被行业内广泛认可，在全球海洋工程领域的市场占有率近90%，是海洋工程结构设计的标准软件。SACS软件内置了世界各主流国家的钢结构资料库及结构设计规范，用户可根据需要选取所需规范进行强度校核，并且可以根据规范的要求生成环境载荷，具备很强的专业性和便利性。软件具有建模速度快、可视化程度高、对计算机要求低等优点。特别是能够实现动态循环设计和分析设计，更加符合实际工况的应用结果。

SACS软件包括很多个不同功能的程序模块，这些程序模块之间采用文件接口连接方式以方便用户使用，可以针对不同的需求完成相关计算。该系统所有的程序模块都包含比较完整的英制及公制单位的缺省工程参数以简化用户的输入。所有的结构数据包括几何形状、构件尺寸、材料特性以及环境条件都是通过交互方式输入并以文件方式存储，然后求解程序对这些数据进行分析计算，得出最终的求解文件，这个文件中包含所有节点的位移以及单元内力。后处理程序使用求解文件中的数据，采用相应的规范对结构进行规范校核。不符合规范要求的部分程序可自动进行重设计。结构分析及规范校核结果也可以用图形方式输出，其结果可用于生成工程图纸及结构料表。

（2）ANSYS

ANSYS软件是融于一体的大型通用有限元分析软件，它由世界上最大的有限元分析软件公司之一——美国ANSYS公司开发。ANSYS能与多数CAD软件对接，实现数据的共享和交换，是现代产品设计中应用最为广泛的CAE工具之一。

ANSYS Workbench是ANSYS公司出品的便捷化物理仿真平台，它集合了ANSYS核心产品求解器，将ANSYS经典界面中所包含的功能几乎全部移植过来。与传统的ANSYS经典界面相比，Workbench采用项目管理方式分析项目流程管理，以图表流程的方式构造分析系统，具有简单易用的耦合场分析功能。ANSYS Workbench功能强大，能在同一个平台下解决诸多工程实际仿真模拟问题。随着功能的不断完善和强大，ANSYS Workbench逐渐被工程界接受，进而普遍应用。

（3）ABAQUS

ABAQUS公司成立于1978年，前身叫HKS。2002年公司改名为ABAQUS，2005年被法国达索公司收购，2007年更名为SIMULIA，ABAQUS是达索公司的重要产品之一。

ABAQUS可以进行线性及非线性问题分析，尤其在求解非线性问题方面的能力十分优异。作为通用的数值模拟工具，ABAQUS具有丰富的单元库和材料库可供选择，也可自行定义材料的本构关系和失效准则等。除了能进行静态和准静态分析、模态分析、瞬态分析、接触分析、弹塑性分析及疲劳分析等常见的结构分析，还可以模拟热固耦合分析、压电和热电耦合分析、流固耦合分析及流体动力学分析等。因此，ABAQUS软件以其强大的有限元分析功能被广泛运用于石油化工、机械制造、生物医学、电子工程、土木工程及航空航天等领域。

5.3　有限元分析实例

5.3.1　塔式井架静力分析

5.3.1.1　井架概况

某作业平台井架 JJ158/36T 是以等边角钢为主的四面瓶颈塔式井架，于 2014 年 12 月由中石化石油工程机械有限公司第四机械厂建造，井架现场照片如图 5 - 2 所示，井架参数见表 5 - 1。

图 5 - 2　作业平台井架现场照片

表 5 - 1　井架参数

序号	名称	参数
1	型号	JJ158/36T
2	最大钩载	1580kN(4 × 5 轮系)
3	井架结构形式	塔式井架
4	井架净空高	36m(钻台面至天车底部)
5	抗风能力	25.8m/s(作业状态) 36.0m/s(满立根、无钩载——等候天气) 51.5m/s(无立根、无钩载——风暴自存)

井架主要由调节固定座、井架下段、井架中段、井架上段、井架顶段、天车总成、笼梯总成(含休息平台)、二层台与挡风墙、立管操作台、大钳平衡装置(含调节平台)和井架附件等组成。井架所有主要部件均通过螺栓螺母连接固定。主体共分为：调节固定座、井架下段、井架中段、井架上段、井架顶段、天车总成。主体各部件间均为螺栓连接。井

架各节通过吊车提升安装。井架上配有二层台、立管台，同时井架立根侧设有通往二层台的梯子、V形门侧设有通往天车的梯子。此外，还配有防坠落及逃生装置、大钳平衡装置及吊钳滑轮等。井架关键结构见图5-3。

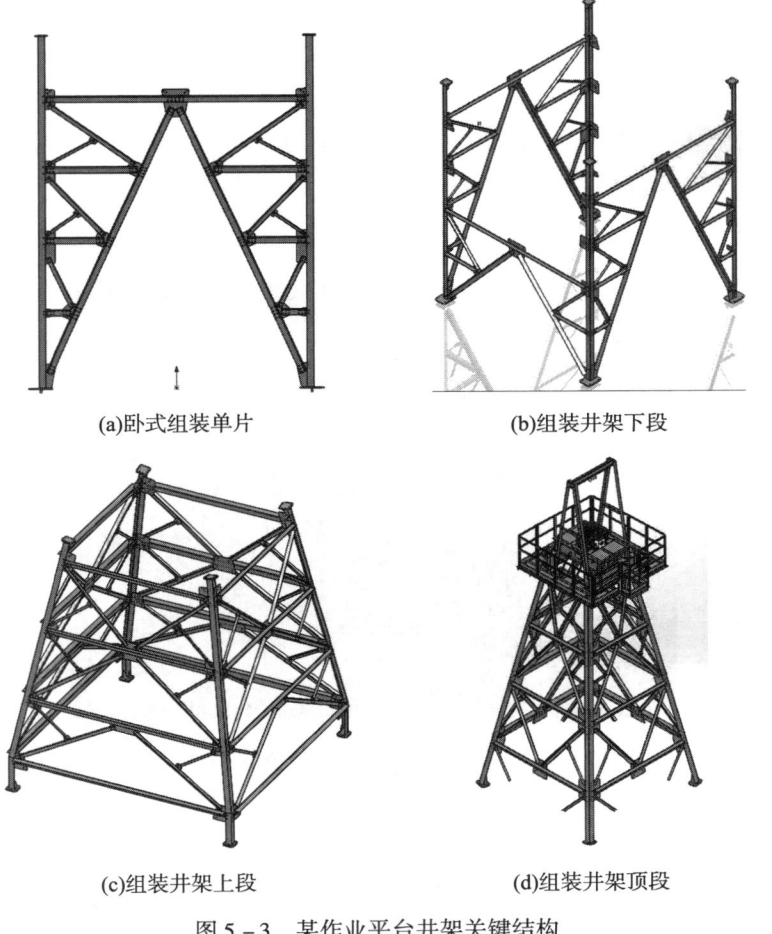

(a)卧式组装单片　　　　　　　　(b)组装井架下段

(c)组装井架上段　　　　　　　　(d)组装井架顶段

图5-3　某作业平台井架关键结构

5.3.1.2　有限元分析

(1)模型建立

对于有限元分析计算，在建立几何模型时必须明确井架结构的主要尺寸。通过现场实测以及图纸资料，对井架总体结构尺寸以及杆件的截面参数进行总结与归纳。根据现场实测的井架尺寸，利用简化原理进行进一步简化，建立井架三维有限元模型如图5-4所示。

(2)边界条件及载荷

经过现场外观检查发现，井架人字架大腿与钻台刚性连接，而钻台刚性很大，因此约束住井架人字架主肢的6个自由度。对井架模型施加与测试工况一致的载荷，只包含井架自重及最大钩载。井架边界条件及载荷示意如图5-5所示。

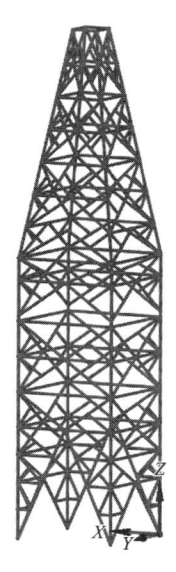

图 5-4 井架三维有限元模型

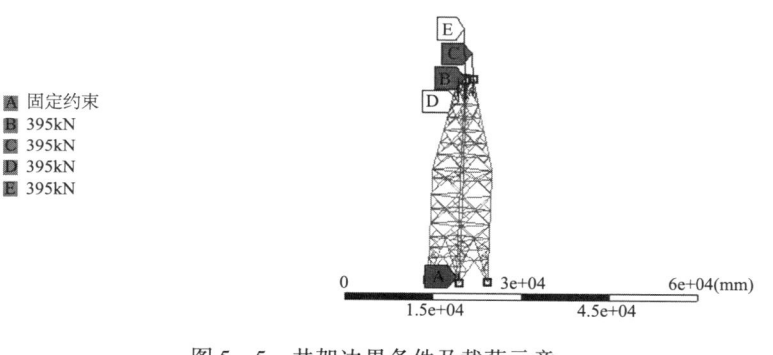

A 固定约束
B 395kN
C 395kN
D 395kN
E 395kN

图 5-5 井架边界条件及载荷示意

（3）单元类型

井架各杆件不仅承受轴向力，而且也承受附加的弯矩作用。单元类型的选择主要考虑各个构件的尺寸大小以及承受载荷的情况。将井架简化为空间钢架结构，其单元为三维梁单元。建立有限元模型时，设定单元大小十分重要。太大会使网格过于稀疏，计算精度不高；太小会使网格过密，增加计算时间和计算机内存开销。综合考虑，本有限元模型单元的大小设为 100mm。

（4）材料参数

材料的力学参数是求解井架应力的重要前提之一。井架选用 Q345B 钢，弹性模量为 2.06×10^{11} Pa，泊松比为 0.3，密度为 $7.85 \times 10^3 \mathrm{kg/m}^3$。

（5）计算分析

1580kN 钩载下修井机井架应力分布见图 5-6。

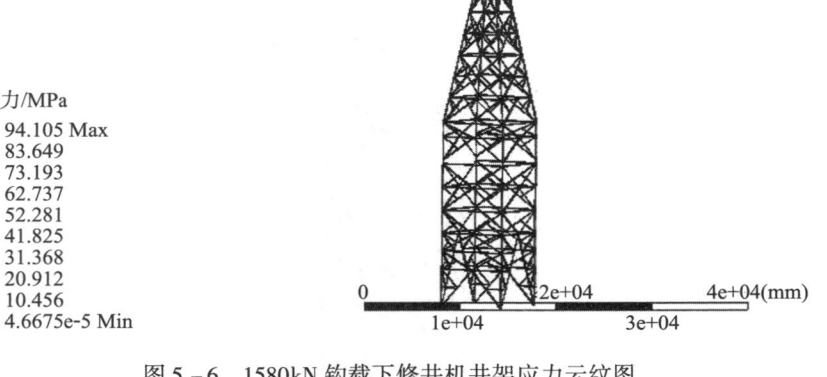

图 5 - 6　1580kN 钩载下修井机井架应力云纹图

依据 SY/T 6326 的要求，在 2023 年 6 月 17 日对该井架进行了承载能力测试。应力测试数据见表 5 - 2。

表 5 - 2　应力测试数据

测试截面	测试编号	钩载 300kN 时实测值	最大钩载 1580kN 时计算应变 - 应力值		强度校核系数	截面均值/MPa
		应变值	应变值	应力值/MPa		
A - A	1	-21.4	-112.7	-23.7	0.32	-49.9
	2	-27.6	-145.2	-30.5		
	3	-49.2	-259.1	-54.4		
	4	-38.6	-203.4	-42.7		
	5	-17.2	-90.6	-19.0	0.36	
	6	-36.0	-189.6	-39.8		
	7	-35.5	-186.9	-39.2		
	8	-62.5	-329.1	-69.1		
	9	-54.0	-284.4	-59.7	0.37	
	10	-49.9	-262.7	-55.2		
	11	-49.8	-262.2	-55.1		
	12	-19.4	-102.2	-21.5		
	13	-69.5	-366.1	-76.9	0.46	
	14	-68.0	-358.1	-75.2		
	15	-61.9	-326.0	-68.5		
	16	-62.0	-326.5	-68.6		

测试截面	测试编号	钩载 300kN 时实测值	最大钩载 1580kN 时计算应变 – 应力值		强度校核系数	截面均值/MPa
		应变值	应变值	应力值/MPa		
B – B	17	– 57.2	– 301.0	– 63.2	0.38	– 56.7
	18	– 17.9	– 94.4	– 19.8		
	19	– 48.0	– 252.8	– 53.1		
	20	– 41.8	– 220.0	– 46.2		
	21	– 54.7	– 287.9	– 60.5	0.44	
	22	– 64.7	– 340.6	– 71.5		
	23	– 12.3	– 64.6	– 13.6		
	24	– 56.0	– 294.9	– 61.9		
	25	– 56.7	– 298.9	– 62.8	0.49	
	26	– 23.0	– 121.3	– 25.5		
	27	– 27.1	– 142.6	– 29.9		
	28	– 73.9	– 389.0	– 81.7		
	29	– 26.8	– 140.9	– 29.6	0.65	
	30	– 80.3	– 422.8	– 88.8		
	31	– 94.6	– 498.0	– 104.6		
	32	– 85.0	– 447.7	– 94.0		

对照应力测试数据可知，该有限元模型计算结果与现场实测结果误差较小，有限元模型满足仿真要求。

由最大钩载工况下的应力分布图可得，井架主肢(4 根大腿)应力较大，横撑和斜撑的应力情况均较小，这与主肢为井架主要承载杆件的事实相符。井架最大应力出现在最下层主腿上，应力为 94.105MPa，远小于安全许用应力 206MPa，故该井架强度满足要求。

5.3.2 伸缩式井架静力及缺陷分析

5.3.2.1 井架概况

某平台修井机年检时发现井架上体一横梁有弯曲，怀疑其对井架承载能力有影响。且下次修井作业吨位较大(120t)，对井架承载能力要求较高。为保证修井机井架在作业时满足强度要求，需要进行结构承载能力评估分析，确定井架目前实际承载能力，确保现场安全作业。井架现场照片见图 5 – 7。

井架高 33m，分为井架上体、井架下体、人字架三部分，整个井架结构左右对称。为方便后续描述和有限元建模，按照井架结构将井架由下往上分别命名为人字架、第 1 节、

第 2 节、……、第 14 节。此外对井架的方向做了规定，开口方向为前。具体结构划分及井架方向定义见图 5-8。

图 5-7 井架现场照片

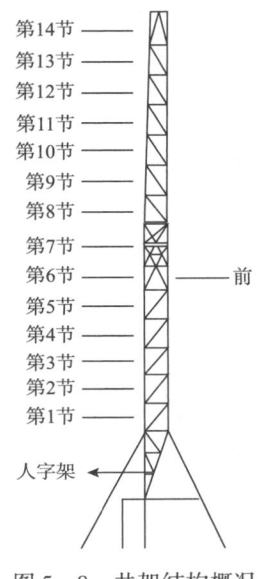

第14节 ——
第13节 ——
第12节 ——
第11节 ——
第10节 ——
第9节 ——
第8节 ——
第7节 ——
第6节 —— 前
第5节 ——
第4节 ——
第3节 ——
第2节 ——
第1节 ——

人字架 ←

图 5-8 井架结构概况

对修井机井架主受力部位(4 根大腿处)进行超声波测厚，为井架有限元建模提供精确数据支持。测厚显示未见明显壁厚减薄现象，见图 5-9。

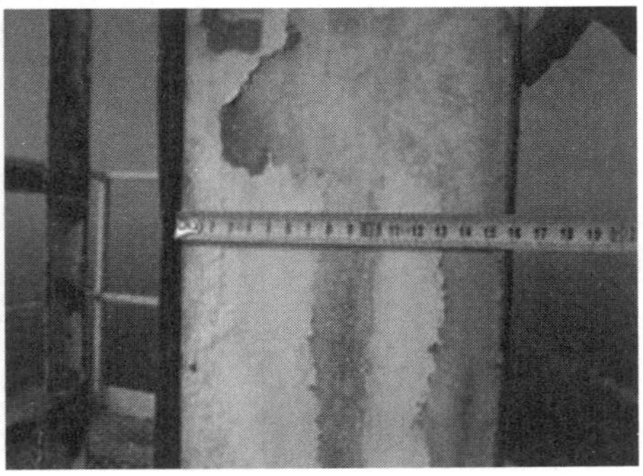

图 5-9 井架结构测绘

5.3.2.2 有限元分析

(1)模型建立

由于井架的结构较为复杂，为了减少计算工作量，在建模时，结合井架的特点，在满足计算精度的情况下，对井架的实际结构进行简化，建立一个接近实际结构的力学模型。在建立海洋修井机井架模型时作了以下几点假设。

1)井架本体为三维杆件结构，井架各杆件之间焊接可靠，为刚性连接；井架各杆件不仅承受轴向力，也承受附加的弯矩作用。因此可将井架简化为三维空间钢架结构，其单元为三维梁单元。

2）二层台、天车、井架护栏、护梯、栏杆、二层台撑杆等井架附件，建模时全部去掉。这些附件对井架整体的刚度影响不大。但二层台和天车的质量较大，在建立有限元模型时其质量作用应加以考虑。

3）井架上、下体在工作时连接可靠，不发生相互窜动现象。

根据现场实测的井架尺寸，利用简化原理进一步简化，建立井架三维有限元模型，见图 5 – 10。

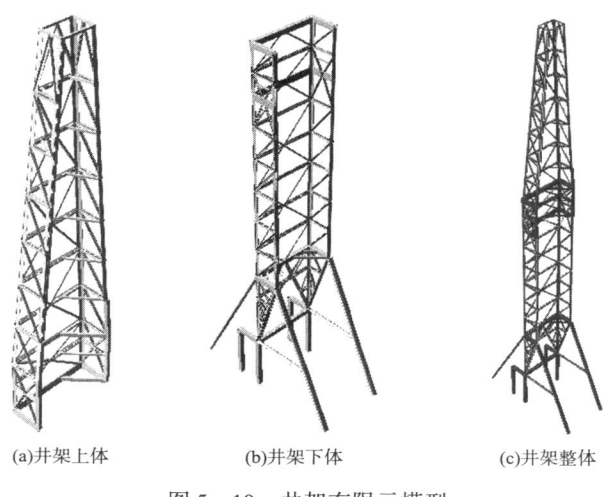

(a)井架上体   (b)井架下体   (c)井架整体

图 5 – 10　井架有限元模型

（2）边界条件及载荷

经过现场外观检查发现，井架人字架大腿与钻台刚性连接，而钻台刚性很大，因此约束住井架人字架主肢的 6 个自由度。井架上段和井架下段之间通过销轴连接传递载荷，在有限元模型中通过井架横杆间的节点耦合传递井架上节施加到井架下节的作用力。对井架模型施加与测试工况一致的载荷，只包含井架自重及最大钩载。井架约束形式见图 5 – 11。

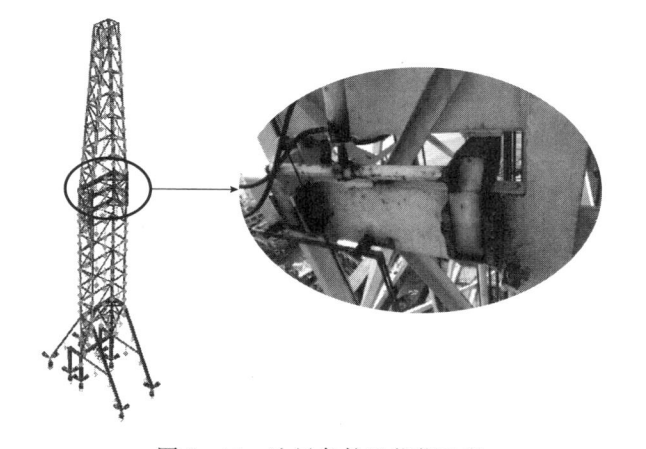

图 5 – 11　边界条件及载荷示意

单元类型及材料参数设置与第 5.3.1.2 节类似，在此不做赘述。

（3）计算分析

将有限元模型结合现场应力测试结果进行修正，修正后 1580kN 钩载下修井机井架应力分布见图 5 - 12；有限元计算结果与现场应力测试结果对比情况见表 5 - 3。

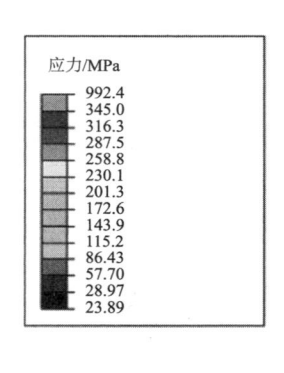
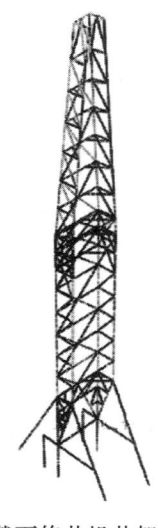

图 5 - 12　修正后 1580kN 钩载下修井机井架应力云纹图

表 5 - 3　有限元计算结果与现场应力测试结果对比

位置	位置	线性外推 1580kN 载荷下井架轴向应力/MPa	有限元计算结果/MPa	相对误差/%
井架下体	第 1 节左后腿	172.01	171.79	0.1
	第 1 节右后腿	67.85	69.89	3.0
	第 2 节左前腿	45.25	48.87	8.0
	第 2 节右前腿	99.84	107.42	7.6
井架上体	第 8 节左后腿	130.15	134.29	3.2
	第 8 节右后腿	72.69	72.83	0.2
	第 8 节左前腿	48.27	55.31	14.6
	第 8 节右前腿	81.63	82.70	1.3

由表 5 - 3 可知：该有限元模型计算结果与现场实测结果误差较小，有限元模型满足仿真要求。

井架左后腿平均应力值为 153.04MPa；右前腿平均应力值为 95.06MPa；右后腿平均应力值为 71.36MPa；左前腿平均应力值为 52.09MPa。井架 4 个主肢受力非常不均衡，产生这种现象推测是井架安装后井架不平齐或大钩不对中等原因，使得井架受力偏心，导致钩载在 4 个主肢的分布有所差异。需要对井架在每次起升后进行严格的校正，确保井架受力均衡。

井架最大应力出现在第 1 节左后腿，应力为 187.4MPa，接近安全允许应力 206MPa，在后续井架使用过程中要重点关注井架左后腿的状况。

(4)结构变形风险分析

在修井机年检时发现井架上体一处横梁下弯变形(图 5 - 13)，该位置现场检验人员无法抵近观察和对其进行探伤，也无法判断该处变形对于井架结构安全性和承载能力的影响。通过有限元分析，可以评估出该处的受力状态。

图 5 - 13　井架下弯变形横梁

由分析结果可知：井架横撑和斜撑的应力均较小，其作用主要是保证井架整体的稳定性。通过提取有限元分析结果(图 5 - 14)，可以得出弯曲横梁杆件最大应力为 87.43MPa，远小于屈服应力 345MPa，安全系数为 3.95。因此推断井架横梁变形并非井架受力造成的，而是外力碰撞造成的。

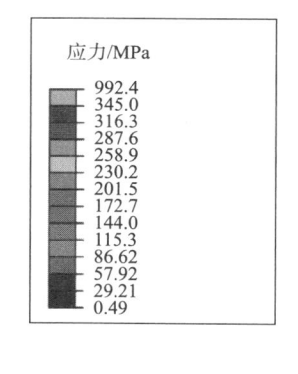
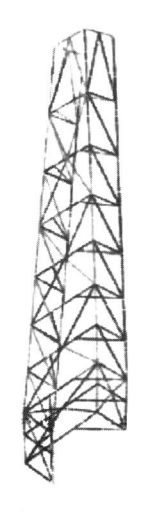

应力/MPa

992.4
345.0
316.3
287.6
258.9
230.2
201.5
172.7
144.0
115.3
86.62
57.92
29.21
0.49

图 5 - 14　正常状态下井架应力云纹图

为了分析横梁变形后对井架受力状态的影响，取极端条件进行分析，即将此处横梁去除后进行有限元计算。结果显示：缺少此根杆件对井架杆件整体受力状态影响不明显（图 5 – 15），说明井架横梁变形对井架承载能力的影响较小。

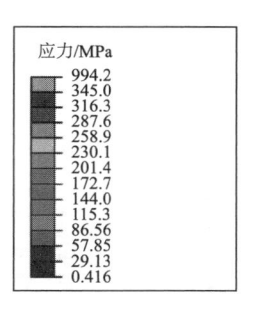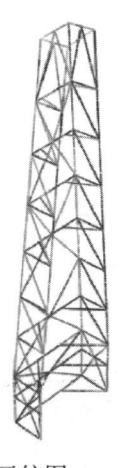

图 5 – 15　弯曲横梁缺失情况下应力云纹图

5.3.3　直立套装 K 型井架风载作用分析

对台风期海上固定平台井架进行应力仿真分析，评估结构的承载能力是否满足要求，并提出有针对性的风险预防和减缓措施，来降低台风带来的损害，保障生产设施安全稳定运行。

5.3.3.1　井架概况

该井架模型杆件的结构型材特性和材质具体参见表 5 – 4，表中包含杆件的截面类型、截面描述、屈服极限等参数。杆件数据来源于井架结构设计图纸。

表 5 – 4　井架结构型材特性和材质

截面类型	截面描述/mm	材质	屈服极限/MPa
组合 H 型钢	HP350 × 350 × 20 × 25	Q345B	335
	HP300 × 200 × 16 × 20	Q345B	335
	HP350 × 250 × 16 × 20	Q345B	335
	HP300 × 300 × 16 × 20	Q345B	335
	HP450 × 450 × 20 × 25	Q345B	335
	HP450 × 300 × 16 × 25	Q345B	335
	HP600 × 450 × 20 × 25	Q345B	335
	HP450 × 350 × 20 × 25	Q345B	335
	HP800 × 350 × 12 × 16	Q345B	345

截面类型	截面描述/mm	材质	屈服极限/MPa
组合 H 型钢	HP200×460×12×16	Q345B	345
	HP350×200×12×16	Q345B	345
	HP950×400×20×25	Q345B	335
	HP400×350×16×25	Q345B	335
	HP300×300×10×15	Q345B	345
	HP850×260×30×40	Q345B	335
	HP400×200×16×25	Q345B	335
	HP850×230×30×40	Q345B	335
	HP300×150×6.5×9	Q345B	345
	HP350×350×25×30	Q345B	335
矩形管	200×180×8	Q345B	345
	150×150×6	Q345B	345
	100×100×6	Q345B	345
	75×75×6	Q345B	345
圆管	$\phi168×12$	20	245
	$\phi133×10$	20	245
	$\phi194×14$	20	245
	$\phi152×10$	20	245

5.3.3.2 有限元分析

(1)模型建立

评估结构的各个工况中还应施加结构或设备的重力引起的载荷。其中结构质量可由软件自动生成,设备重力以载荷形式加载。其他未模拟的附属结构及设备(如二层台、天车等)以及附件(如护栏、护梯等)对结构的整体刚度影响较小,因此在几何模型创建时这些结构可忽略,但对于质量较大的部件,其质量对结构的影响在有限元模型创建时以载荷的形式进行考虑。

(2)施加约束

根据钻机井架的实际工作情况,井架安装在底座上,由于底座刚度很大,将其视为刚体,由于井架基段与底座固定连接,将井架基段与底座的连接点6个自由度进行约束;井架基段同井架底段通过销轴连接,连接点设置耦合约束。

(3)工况分析

工况选取基于结构设施主要技术参数及抗风能力要求,在风载作用下,不同结构设施各类型工况下的载荷组合情况如下:

1）结构及设备重力载荷。

2）风载荷，考虑（0°、45°、90°、135°、180°、225°、270°和315°）8个方向；对于井架，简化二层台后还需考虑额外施加二层台所受风载；等候天气工况，风速为48.5m/s，保全设备工况，风速为57.1m/s。

3）立根载荷：主要为立根承受的风载和立根的靠力在二层台产生的水平载荷。对于等候天气工况，二层台靠满立根；对于保全设备工况，二层台无立根。

对于井架，需额外施加质量较大的游车系统、天车系统、顶驱及二层台。对于本钻机井架，对应恒载如下。

游车系统：8740kg；二层台：12982kg；天车系统：12100kg；顶驱：12300kg。

（4）载荷计算

1）风载荷

风载荷是风作用在全部结构上所产生的载荷，必须考虑结构上的每个构件能产生最大应力的风向，风力由式（5-1）计算。

$$F = P \times A \tag{5-1}$$

式中　F——作用在井架上的风载，N；

　　　A——乘风面的面积，指所有外露表面在垂直风向投影面上的面积和，m^2；

　　　P——风压，Pa，由式（5-2）计算。

$$P_风 = 0.00339 \times C_S \times C_h \times V^2 \tag{5-2}$$

式中　V——风速，m/s；

　　　C_S——受风杆件形状系数；

　　　C_h——高度系数。

计算软件中可基于API 4F对已有结构快速施加风载。本钻机二层台由台体、操作台、挡杆架、内栏杆及挡风墙等组成。二层台三面及相对应的井架体上均设有挡风墙，二层台结构形式如图5-16所示，挡风墙高3m，长8.49m，宽6.68m，则二层台正面承风面积为25.47m^2，侧面承风面积为20.04m^2。对于本钻机，根据API 4F规定可对二层台不同风向的风压和风载进行计算。

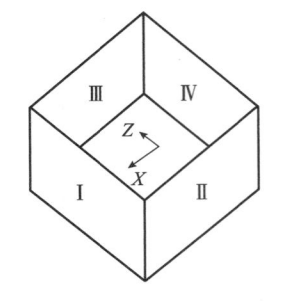

图5-16　二层台围墙结构示意

2）立根载荷

①立根水平靠力

立根水平靠力按式(5-3)进行计算：

$$P_立 = \frac{G_立}{2}\cot\theta \qquad (5-3)$$

式中　$G_立$——立根总重力，N；

　　　θ——立根倾角，取 86°。

②立根风载

立根风载荷是指排列在井架指梁上的一组立根所承受的风载，其计算方法与井架风载荷计算方法相同。立根承风面积计算公式如下：

$$A_立 = ndl\sin\theta \qquad (5-4)$$

式中　n——梁上每排立根的数目；

　　　d——立根外径，m；

　　　l——二层台高度，m；

　　　θ——立根倾角，(°)。

（5）计算分析

对于承受压缩与弯曲应力的杆件，其强度应满足 AISC 335—1989《钢结构建筑规范》的规定。UC(Unity Check)值是用来评价承受弯矩和轴向压力组合作用的钢结构件综合强度性能的许用应力相互作用比。UC 值≤1，则结构承载能力满足要求。

1）等候天气工况（风速 48.5m/s，二层台无立根）

钻机井架在该工况载荷下的 UC 值云图见图 5-17。

等候天气工况下，UC 值最大位置位于井架底段与井架基段连接处，最大值为 0.785。

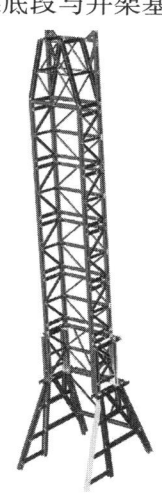

UC

1.000+
0.800~0.999
0.600~0.799
0.400~0.599
0.00~0.399

图 5-17　井架等候天气工况 UC 值云图

2）保全设备工况（风速 57.1m/s，二层台满立根）

钻机井架在该工况载荷下的 UC 值云图见图 5 - 18。

保全设备工况下，UC 值最大位置位于井架底段与井架基段连接处，最大值为 0.893。

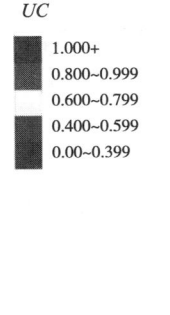

图 5 - 18　井架保全设备工况 UC 值云图

5.4　本章小结

本章概述了有限元方法的基本原理，介绍了有限元软件的分析步骤及海洋工程常用的有限元软件，结合实际案例展示了井架结构有限元分析过程中模型建立、工况分析及强度校核等内容，为井架结构安全评估提供量化数据。有限元分析作为一种仿真分析手段，可以弥补井架隐患排查、检验检测及应力测试等手段的不足。结合实测数据修正有限元模型，可全面系统地展示井架应力及变形分布情况。因此，有限元分析是井架安全风险评估不可或缺的手段。

6 安全分级评价

在工程实际中，井架检验评估的方式有八大件年检、作业前安全评估、井架应力检监测等。其中八大件年检、作业前安全评估并不能给出井架量化评估值，无法对井架进行量化分级；而井架应力检监测虽然可以给出井架的具体等级，但最终评级仅考虑了基于应力测试计算的剩余承载能力，并未充分结合结构的完整性，考虑因素不够全面。这使得在实际井架检测评估工作中，多次出现井架老化严重而现有载荷等级评级较高的情况，使得资产所属单位在使用中有所顾虑。鉴于此，需要提出更加合理的评级方法来指导现场对井架安全现状进行量化评估评级。本章将介绍基于模糊综合评价和基于多态模糊贝叶斯网络的分级方法及应用案例。

6.1 基于模糊综合评价的井架安全分级

由于海洋井架长期服役于复杂工况下，其安全等级受结构自有状况及外界环境等多种因素共同作用，影响其安全性能的因素较多。若要判断各因素对井架的安全影响程度，并综合考虑多种影响因素同时作用下对其安全性能造成的影响，基于层次分析的模糊综合评价法有其突出的适用性。

6.1.1 基于层次分析的模糊综合评价方法

6.1.1.1 方法特点及优势

层次分析法是一种针对多因素、复杂系统的评价方法。该方法将决策问题的有关元素分解成若干个层次，在此基础上进行定性分析和定量分析。该方法的特点是：在对复杂决策问题的本质、影响因素及其内在关系等进行深入分析后，构建一个层次结构模型，然后逐一对比判定，明确各个层次中要素的相对重要程度，最后进行整合，得出评价结论。这种方法简洁实用，结果明确，且易于决策者了解和掌握。

此外，由于安全是相对模糊的概念，在很多情况下都有不可量化的确切指标，这就需要将诸多模糊的概念定量化、数字化。在此情况下，应用模糊数学将是一个较好的选择方案。模糊综合评价从层次性角度分析复杂事物，一方面，符合复杂事物的状况，有利于最大限度地客观描述被评价对象；另一方面，还有利于尽可能准确地确定权重，尽量减少个人主观臆断所带来的弊端，比一般的评价方法更符合客观实际。

6. 1. 1. 2　应用流程

基于层次分析的模糊综合评价法计算流程如下：

（1）建立因素集。因素集，就是影响评价对象的各种因素组成的一个普通集合，即：

$$U = \{u_1, u_2, \cdots, u_n\} \tag{6-1}$$

（2）建立评价集。评价集是评价者对评价对象可能做出各种总的评价结果所组成的集合，即：

$$V = \{v_1, v_2, \cdots, v_m\} \tag{6-2}$$

（3）计算权重。在因素集中，各因素的重要程度是不一样的。为了反映各因素的重要程度，对各个因素 u_i 应赋予一相应的权数 $a_i (i = 1, 2, \cdots, n)$。由各权数所组成的向量 $\boldsymbol{A} = (a_1, a_2, \cdots, a_n)$ 称为因素权重集，简称权重集。在进行井架安全等级模糊综合评价中，选用的是层次分析法来计算权重。

（4）单因素模糊评价。单独从一个元素出发进行评价，以确定评价对象对评价集元素的隶属度便称为单元素模糊评价。以单因素评价集为行组成的矩阵称为单因素评价矩阵，该矩阵为一模糊矩阵：

$$\boldsymbol{R} = \begin{bmatrix} r_{11} & r_{12} & \cdots & r_{1m} \\ r_{21} & r_{22} & \cdots & r_{2m} \\ \vdots & \vdots & & \vdots \\ r_{n1} & r_{n2} & \cdots & r_{nm} \end{bmatrix} \tag{6-3}$$

（5）模糊综合评价。单因素模糊评价仅反映了一个因素对评价对象的影响，这显然是不够的；综合考虑所有因素的影响，便是模糊综合评价。模糊综合评价可以表示为：

$$B = A \cdot R = (a_1, a_2, \cdots, a_n) \begin{bmatrix} r_{11} & r_{12} & \cdots & r_{1m} \\ r_{21} & r_{22} & \cdots & r_{2m} \\ \vdots & \vdots & & \vdots \\ r_{n1} & r_{n2} & \cdots & r_{nm} \end{bmatrix} = (b_1, b_2, \cdots, b_m) \tag{6-4}$$

式中，b_j 称为模糊综合评价指标，简称评价指标。其含义为：综合考虑所有因素的影响时，评价对象对评价集中的第 j 个元素的隶属度。

（6）多级模糊评价。将因素集 U 按属性的类型划分成 s 个子集，记作 $U_1, U_2, \cdots, U_s$，根据问题的需要，每一个子集还可以进一步划分。对每一个子集 U_i，按一级评价模型进行评价。将每一个 U_i 作为一个因素，用 B_i 作为它的单因素评价集，又可构成评价矩阵：

$$\boldsymbol{R} = \begin{bmatrix} B_1 \\ B_2 \\ \vdots \\ B_S \end{bmatrix} \tag{6-5}$$

于是有第二级综合评价：

$$B = A \cdot R \qquad (6-6)$$

6.1.2 井架模糊综合评价模型建立

6.1.2.1 层次结构划分

（1）井架结构安全性能影响因素分析

通过调研分析可知，影响井架结构安全性能最主要的因素为现有承载能力、结构损伤、腐蚀及锈蚀和服役年限。

1）现有承载能力

钢结构最常见的失效形式主要是承载能力不足。在钻完修井作业时如若井架大钩载荷接近或超出现有实际承载能力，可能会造成结构件塑性变形，持续下去会引起整体结构失稳倒塌。

2）结构损伤

在结构传力方面如果存在影响其承载性能的损伤，如结构及构件的变形、裂纹和材料劣化等缺陷，会改变钢构件原有的受力状态，甚至产生脆性破坏倾向。

3）腐蚀及锈蚀

由于钢质井架长期在海洋大气环境下服役，不可避免地会产生腐蚀及锈蚀现象。其中均匀腐蚀会造成结构件壁厚减薄，腐蚀锈蚀严重还会造成杆件穿孔的严重情况，产生应力集中现象。如果壁厚减薄或锈蚀穿孔部位处于结构主承载件上，将会对整体结构的安全性造成重要影响。

4）服役年限

井架主体是各种型钢通过焊接、栓接等多种方式进行连接组合而成。即便海洋钢结构都经过结构耐久性的设计，但随着服役年限越长，疲劳失效的可能性就越大，结构各种功能下降亦不可避免。因此，在老旧钻修机设备资料缺失无法准确获知井架累计作业量（进尺）的情况下，井架服役年限数据对评价井架的安全性就格外重要。

（2）建立模糊综合评价模型

结合钻修机井架安全性影响因素分析，选取服役年限、结构损伤、腐蚀及锈蚀、现有承载能力四个指标进行模糊综合评价模型建立。利用层次分析法建立海上钻修机井架安全等级评价指标体系，见图6-1。

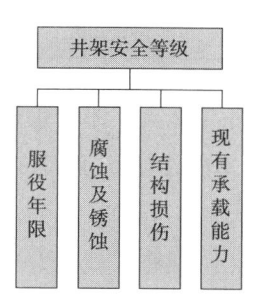

图6-1 井架安全等级
评价指标

6.1.2.2 评语集建立

本次将评价对象钻修机井架安全等级分为A、B、C、D四个级别，建立评语集 V =（安全，不显著影响安全，显著影响安全，已严重影响安全），并对其赋值为：$V = (4, 3, 2, 1)$。评级标准如表 6 – 1 所示。

表 6 – 1　井架的安全性评级标准

级别	分级标准	是否采取措施	具体措施
A	安全	不必采取措施	—
B	不显著影响安全	可不采取措施	定期检验
C	显著影响安全	应采取措施	消除缺陷、加固维修
D	已严重影响安全	必须立即采取措施	报废或升级改造

由表 6 – 1 可知：已结合钢结构及钻修机通常管理做法简要给出不同等级井架所需要采取的对应措施，但对于不同影响因素造成的井架安全等级降低还需要区别处理。如井架服役年限较久，需要密切关注结构件老化程度；如腐蚀现象严重则需要及时进行防腐处理；如遇结构损伤问题可维修或局部更换部件；如承载力不足需将井架及时报废，当业主不建议报废时可经升级改造后重新进行全面评估或降级使用，满足要求后，方可继续使用。

6.1.2.3　指标权重计算

采用"1 – 9 标度法"邀请相关领域专家对井架安全性能影响因素进行权重赋值。为确保赋值的客观性及全面性，确定专家人选时充分考虑了专家擅长的领域及专家人数。最终从井架使用单位、井架设计及生产厂家、第三方检验咨询机构以及井架维保单位等领域选定了共计 15 位专家。专家打分确定的最终井架安全性能影响指标权重见表 6 – 2。

表 6 – 2　井架安全性能影响指标权重

参数	重要度排序	权重平均值
现有承载能力	1	0.5285
结构损伤	2	0.2638
锈蚀及腐蚀	3	0.1246
服役年限	4	0.0831

6.1.2.4　评价隶属度矩阵确定

本次在建立隶属度矩阵时充分参照相关的标准条目量化确定，使得分级结果更加客观。

（1）现有承载能力分级依据

依据 SY/T 6326—2019《石油钻机和修井机井架承载能力检测评定方法及分级规范》中第 8.1 条的规定，井架现有承载能力分为四级：其中评定为 D 级的井架应报废。分级准则见表 6 – 3。

表6-3 现有承载能力分级准则

等级	说明
A	测评钩载≥设计最大钩载的95%
B	设计最大钩载的85%≤测评钩载<设计最大钩载的95%
C	设计最大钩载的70%≤测评钩载<设计最大钩载的85%
D	测评钩载<设计最大钩载的70%

（2）结构损伤分级依据

依据SY/T 6408—2018《石油天然气钻采设备　钻井和修井井架、底座的检查、维护、修理与使用》中第6.2条规定，对钻修机结构检查期间发现的损坏定义为"严重""中等"和"轻微"三类。结构损伤分级准则见表6-4。

表6-4 结构损伤分级准则

等级	损坏程度	说明
A	完好	无任何破损
B	轻微损坏	辅助设备的损坏或变形，如梯子、二层台、人行通道、大钳悬挂器等
C	中等损坏	非主承载部件的损坏或变形
D	严重损坏	主承载部件发现明显的几何变形或结构损坏，包括起升总成、大腿、铰接点和天车

（3）腐蚀及锈蚀分级依据

目前在钢结构领域有多个关于涂层质量分级的参考标准。钻修机井架作为典型的高耸钢结构，可结合GB 51008—2016《高耸与复杂钢结构检测与鉴定标准》，确定钢结构件腐蚀及锈蚀程度分级准则，见表6-5。

表6-5 腐蚀及锈蚀程度分级准则

等级	说明
A	防腐涂层面层和底层均完好，钢材表面无腐蚀
B	防腐涂层局部脱落，面积不超过5%，底层基本完好，钢材表面无锈蚀或仅有少量点状锈蚀
C	防腐涂层脱落和鼓包面积超过5%，钢材表面呈麻面状锈蚀，大范围锈蚀深度不超过板件厚度5%
D	腐蚀涂层大面积脱落损害，钢材锈蚀严重，平均锈蚀深度超过板件厚度5%

（4）服役年限分级依据

目前国家及行业层面还未出台针对钻修机结构分年限定级的标准，在此可充分参考借鉴同行单位的常用做法。依据相关管理规定，符合下列条件的钻机应整体报废：对应600kN和900kN的钻机报废年限为18年；对应1350kN和1800kN的钻机报废年限为20年；对应2250kN、3150kN和4500kN的钻机报废年限为25年；对应6750kN和9000kN的钻机报废年限为 30 年。其中，钻井设备使用 8~12 年的，在此使用期内至少评估一次，超过 12 年的每两年评估一次。钻井设备达到报废年限后确需继续使用，须经第三方检验合格，最多可延长使用三年，且每年必须检验。而中国石油化工集团有限公司的企业标准 Q/SH 0207—2008《钻机判废技术条件》规定，钻机使用达到 150 台/月或出厂年限达到 20 年以上时应判废。此外，通过咨询多家钻修机生产厂家，获知钻修机井架设计寿命普遍在 20 年左右。综合以上调研及分析数据，并充分考虑海洋石油的特殊性，建议海洋钻修机井架服役年限分级准则如表 6-6 所示。

表 6-6 服役年限分级准则

等级	说明			
	设计最大钩载≤900kN	900kN＜设计最大钩载≤1800kN	1800kN＜设计最大钩载≤4500kN	设计最大钩载＞4500kN
A	服役年限≤8a			
B	8a＜服役年限≤12a			
C	12a＜服役年限≤18a	12a＜服役年限≤20a	12a＜服役年限≤25a	12a＜服役年限≤30a
D	服役年限＞18a	服役年限＞20a	服役年限＞25a	服役年限＞30a

6.1.3　安全分级实例

为验证该安全分级模型的适用性，选取渤海油田某平台老旧修井机井架进行安全评级应用。为全面了解该修井机服役现状，通过资料梳理分析结合现场检验检测对其进行评估。

6.1.3.1　数据获取

（1）井架服役年限

通过查阅修井机原设计资料及出厂文件、历史检验评估报告及维修改造报告等，结合现场调研可获取该修井机井架的基本参数，见表 6-7。据表 6-7 中数据计算，截至目前，该井架服役年限为 20 年。依据表 6-6 的服役年限分级准则，井架服役年限分为 C 级。

表 6-7 修井机井架基本参数

型号	厂家	投用时间	设计最大钩载/kN	结构形式	高度/m	钻台高度/m	满立根时最大风速/节	无立根时最大风速/节
HXJ158	第四石油机械厂	2004	1580	伸缩式K型井架	33	7.5	93	107

（2）结构损伤情况

通过对井架结构整体的目检宏观普查可发现结构明显变形及裂纹。对于存在局部凹凸、翘曲、磕碰等明显缺陷的，应采用钢尺或游标卡尺测量并记录其位置；构件表面裂纹的检测应包括裂纹的位置、长度、宽度、形态和数量。对于细微的变形可借助专业的测量工具实现，微小裂纹可采用无损检测的方式进行。现场检验过程中，要重点关注在服役期间曾发生过结构损伤或维修的部位，逐一进行核实。通过对 H 平台修井机井架现场检验检测发现井架上段有横梁及爬梯发生变形，如图 6 - 2 所示。由于该横梁主要起拉筋的作用，并非主承载结构，故结合表 6 - 4 的结构损伤分级准则，该井架结构损伤为 C 级。

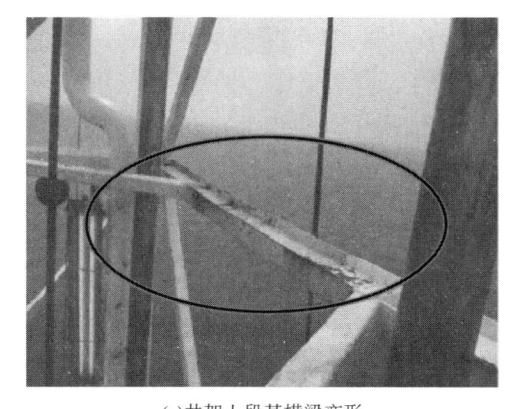

      (a)井架上段某横梁变形   (b)井架上段爬梯变形

图 6 - 2　井架主要结构损伤

（3）井架腐蚀及锈蚀现状

井架结构件表面防腐质量的检测包括钢构件（节点）锈蚀程度检测和防腐涂层检测。应对整体结构件进行防腐涂层外观质量检测，并对具有代表性的部位进行厚度检测。检查腐蚀损伤程度以及检测厚度时，应清除积灰、油污、锈皮等。防腐涂层外观质量检测可采用目测法，检查内容应包括涂层的粉化、开裂、起泡和脱落等不良状况。对于防腐涂层外观质量较差的位置，宜采用钢尺测量其范围并加以记录。通过全数目测观察检测后发现的重点锈蚀区域，宜选择严重锈蚀部位采用测厚仪测量构件厚度，至少选取 3 点测量，取其最小值作为锈蚀后的构件实际厚度。

通过现场检验检测可知，该井架主结构部分位置防腐层锈蚀严重，且存在大面积面漆脱落现象，部分腐蚀锈蚀状态如图 6 - 3 所示。测厚数据显示井架主承载杆件并没有明显的壁厚减薄。综合评估目前井架防腐涂层脱落和鼓包面积超过 5%，钢材表面呈麻面状锈蚀，大范围锈蚀深度不超过板件厚度 5%。依据表 6 - 5 的分级准则，井架腐蚀及锈蚀评价级为 C 级。

（4）井架现有承载能力

依据 SY/T 6326—2019《石油钻机和修井机井架承载能力检测评定方法及分级规范》进行应力测试（图 6 - 4），通过结构校核计算该井架目前实际承载能力为 1539kN，井架当前实际承载能力为该井架设计最大钩载的 97.41%，结合表 6 - 3 该井架载荷等级评为 A 级。

(a)主结构防腐层锈蚀严重　　　　　　　　　　　(b)主结构面漆大面积脱落

图 6 - 3　井架结构表观状态

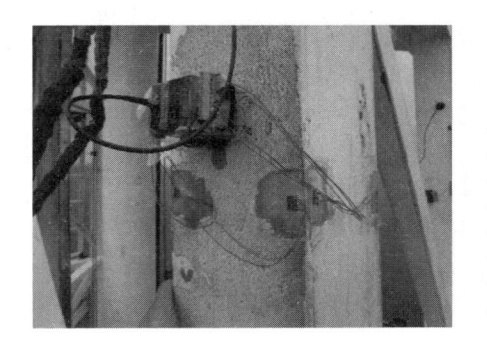

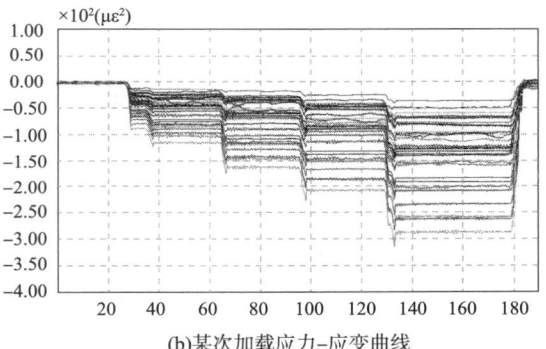

(a)某测点位置变片布置　　　　　　　　　　　(b)某次加载应力–应变曲线

图 6 - 4　井架应力测试

为了避免资源浪费及过度检查，如果最近的修井机年检报告及井架应力测试报告在有效期内，可不必在现场进行大范围的检验检测，通过查阅相关报告即可获取关键影响因素的具体数据，这也提高了分级工作效率并降低了成本。但对于报告与现场踏勘中有明显不符的情况，需要进行再次核查确认。

6.1.3.2　安全分级

依据分级准则，结合获取的钻修机井架结构状态数据，将该平台修井机井架进行安全等级量化分级，模糊综合评价见表 6 - 8。通过矩阵计算出量化评估值为 3.057，依据最大隶属度原则可知该井架安全等级为 B(不显著影响安全)，具体措施是后续确保井架结构定期检验。由此可见，采用多因素模糊综合评价方法的评级结果(B 级)与单纯依据应力测试的评级结果(A 级)稍有差别，由于模糊综合评价法考虑了包含应力测试分级结果在内的更多影响因素，因此安全定级更加全面客观。

表 6 - 8　井架安全等级模糊综合评价

指标	权重	安全等级				量化评估值
		A	B	C	D	
现有承载能力	0.5285	1	0	0	0	
结构损伤	0.2638	0	0	1	0	3.057
腐蚀及锈蚀	0.1246	0	0	1	0	
服役年限	0.0831	0	0	1	0	

6.2　基于多态模糊贝叶斯网络的井架定量风险评估

对井架生产作业过程中存在的风险因素进行分析，找出导致井架事故发生的底层事件，从而采取有效措施来降低井架安全事故发生的可能性，具有重要的工程意义。

目前，国内外众多学者在不同的领域，开展了大量的风险评估研究工作，形成了多种风险评估方法和评估模型。其中最常用的是事故树分析法（FTA）和层次分析法（AHP）。事故树分析法的优势是：能够系统地找出导致事故发生的潜在风险因素，也可以用于定量计算顶事件发生的概率。事故树分析法的局限是：其属于静态分析法，无法实现对事件状态的多态性进行分析，不能进行逆向推理，无法得出顶层事件发生时各个节点事件的后验概率。层次分析法的优点是：将定性和定量方法有机结合，得到各方案相对于总目标的相对权重，权重越高表明越重要。层次分析法的局限性是：其同样属于静态分析法，其定量数据较少，定性成分居多，主观因素占比大，当指标过多时，计算量大，权重难以确定。

此外，井架在长期作业过程中，各节点的失效概率也会发生改变。井架作业风险具有复杂性、动态性、模糊性和多态性等特点，传统的风险评价方法不适用于井架安全风险评估。对于井架的安全风险评估，目前主要集中在事故前的风险分析、安全检查表法和预先危险分析法等一些定性分析法，定量分析较少，其定量分析也都是静态分析。因此，提出了一种基于多态模糊贝叶斯网络的井架定量风险评估方法，融合事故树、模糊集理论和贝叶斯网络，通过贝叶斯映射算法，将井架事故树模型转换成多态模糊贝叶斯网络模型，可实现井架作业全过程的动态定量风险评估。

6.2.1　基于事故树的多态模糊贝叶斯网络的井架风险评估方法

在全面分析井架作业过程的风险源和风险成因的基础上，运用事故树分析法、多态模糊贝叶斯网络模型和模糊集理论，对井架作业全过程的风险因素进行综合评价。

6.2.1.1　事故树分析法

事故树是一种无回路的连通图，是一种描述系统运行失效事件间逻辑关系的图模型。事故树能对系统中的危险因素进行辨识和分析，找出事故发生的直接原因和潜在风险因素。在分析过程中，这些因素之间的关系用逻辑门来表示。其中，"或"门是指几个事件独立，只要其中一个事件发生就会导致上层事件发生，其模型如图 6-5 所示；"与"门表示几个事件同时发生，上层事件才会发生，其模型如图 6-6 所示。

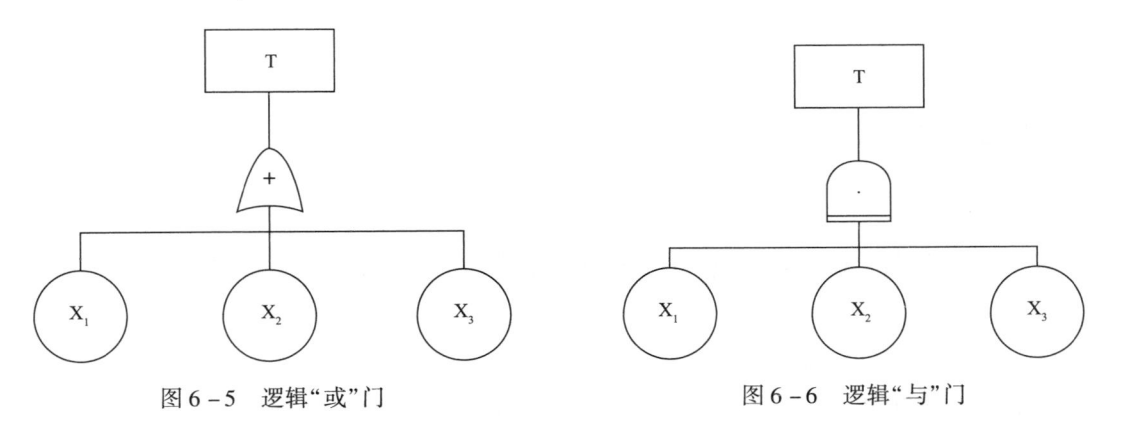

图 6-5　逻辑"或"门　　　　　　图 6-6　逻辑"与"门

6.2.1.2　多态模糊贝叶斯网络模型的建立

（1）基于事故树的贝叶斯网络化模型

事故树分析法属于静态分析，不能对事件进行多态分析，且无法实现逆向推理。当事件因素不断发生变化时，其事故概率无法随之更新，采用事故树分析法存在一定的局限性。因此，基于贝叶斯网络映射算法，将井架事故树模型转换成井架事故贝叶斯网络模型。在映射过程中，事故树模型中的基本事件对应贝叶斯网络模型的根节点，事故树模型中的中间事件对应贝叶斯网络模型的中间节点，事故树模型中的顶事件对应贝叶斯网络模型的叶节点（目标节点），其映射过程如图 6-7 所示。事故树的逻辑门对应贝叶斯网络中的条件概率，如图 6-8 所示。

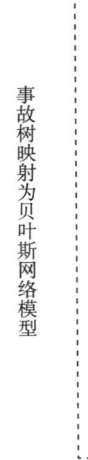

图 6-7　事故树转换为贝叶斯网络对应关系

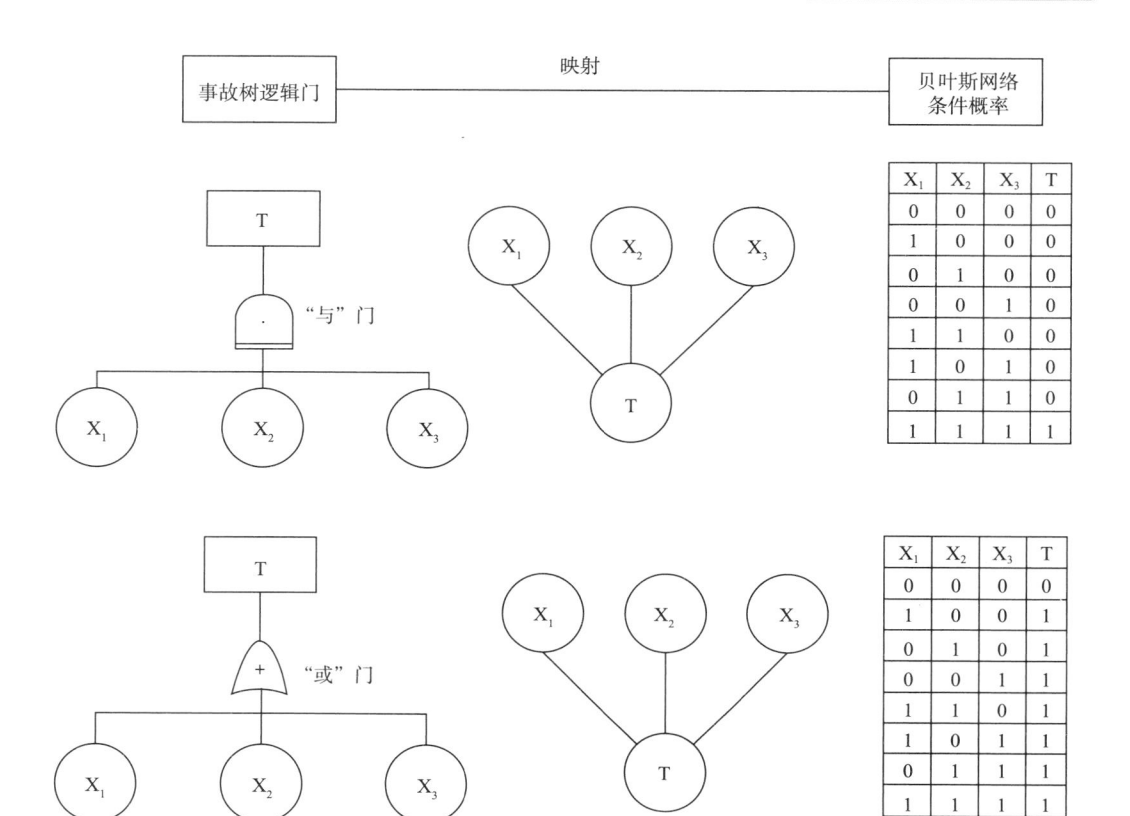

图6-8 事故树模型逻辑门转换为贝叶斯网络条件概率

（2）基于模糊集理论的贝叶斯根节点先验概率

对于贝叶斯网络根节点的先验概率，可以通过统计大量历史数据来获取，在可获取数据较少或者难以获取数据，无法得到贝叶斯网络参数精确概率值的情况下，借助模糊集理论，通过该领域的专家对根节点事件发生的情况进行评判，将专家使用的自然语言评价转换成模糊数，最后进行综合分析得到较为准确的根节点事件的先验概率值。

井架作业全过程风险因素模糊集合进行参数化处理时得到的是分段线性函数，采用梯形模糊数表示根节点事件发生的概率，其隶属度函数为：

$$\mu(x) = \begin{cases} \dfrac{x-a}{b-a}, & x \in [a, b) \\ 1, & x \in [b, c) \\ \dfrac{d-x}{d-c}, & x \in [c, d] \\ 0, & \text{其他} \end{cases} \qquad (6-7)$$

专家使用的自然语言变量转换成梯形模糊数对应关系如表6-9所示。

表 6 - 9　自然语言变量与梯形模糊数的转换

自然语言变量	梯形模糊数
很低（VL）	(0, 0.1, 0.1, 0.2)
低（L）	(0.1, 0.2, 0.2, 0.3)
较低（FL）	(0.2, 0.3, 0.4, 0.5)
一般（M）	(0.4, 0.5, 0.5, 0.6)
较高（FH）	(0.5, 0.6, 0.7, 0.8)
高（H）	(0.7, 0.8, 0.8, 0.9)
很高（VH）	(0.8, 0.9, 1.0, 1.0)

根节点事件的先验概率值计算流程如下：

1）专家对某根节点事件做出评估，对应模糊数为 $F_i = (a_i, b_i, c_i, d_i)$，应用均值面积法对模糊数进行处理，得到专家评估值 F_i，表达式如下：

$$F_i = \frac{a_i + b_i + c_i + d_i}{4} \tag{6-8}$$

2）计算专家评估模糊数的算术平均值 $F_j = (a_j, b_j, c_j, d_j)$：

$$a_j = \frac{1}{n}\sum_{j=1}^{n} a_j, \ b_j = \frac{1}{n}\sum_{j=1}^{n} b_j, \ c_j = \frac{1}{n}\sum_{j=1}^{n} c_j, \ d_j = \frac{1}{n}\sum_{j=1}^{n} d_j, \ j = 1, 2, 3, \cdots, n \tag{6-9}$$

3）计算 F_i 和 F_j 之间的算术平均值的距离测度 $d(F_i, F_j)$：

$$d(F_i, F_j) = \frac{1}{4}(|a_i - a_j| + |b_i - b_j| + |c_i - c_j| + |d_i - d_j|) \tag{6-10}$$

4）计算 F_i 和 F_j 二者相似度 $S(F_i, F_j)$：

$$S(F_i, F_j) = 1 - \frac{d(F_i, F_j)}{\sum_{i=1}^{n} d(F_i, F_j)} \tag{6-11}$$

5）计算每个专家评估的模糊数的权重 W_i：

$$W_i = \frac{S(F_i, F_j)}{\sum_{i=1}^{n} S(F_i, F_j)} \tag{6-12}$$

6）计算各个根节点事件的先验概率值 P：

$$P = \sum_{i=1}^{n} W_i \cdot F_i \tag{6-13}$$

（3）贝叶斯网络模型的中间节点概率

中间节点概率是基于根节点事件的先验概率和贝叶斯的条件概率，利用贝叶斯的全概率公式，求解出各个中间节点的概率。

贝叶斯的全概率公式为：

$$p(A) = p(A \mid B_1)P(B_1) + p(A \mid B_2)P(B_2) + \cdots p(A \mid B_i)P(B_i) \tag{6-14}$$

假设在得到根节点事件 X_1 和 X_2 的先验概率的情况下，基于贝叶斯全概率公式，利用事故树逻辑门转换为贝叶斯条件概率的逻辑，求解出中间节点事件 T 的概率。

假设 $p(x_1) = 0.1$，$p(x_2) = 0.3$，Y 表示事件发生，N 表示事件不发生，事故树逻辑门为"或"门，事件 T 的概率 $P(T)$ 为：

$$p(T) = p(x_1 = Y)p(x_2 = N)p(T = Y \mid X_1 = Y, X_2 = N) + p(x_1 = N)p(x_2 = Y)$$

$$p(T = Y \mid X_1 = N, X_2 = Y) + p(x_1 = Y)p(x_2 = Y)p(T = Y \mid X_1 = Y, X_2 = Y) +$$

$$p(x_1 = N)p(x_2 = N)p(T = Y \mid X_1 = N, X_2 = N)$$

$$= 0.1 \times 0.7 + 0.9 \times 0.3 + 0.1 \times 0.3 = 0.37$$

井架作业过程风险因素较多，逻辑关系复杂，人工计算量大，极易发生错误。引入 GeNIe 软件进行井架安全事故贝叶斯网络的计算，完成井架贝叶斯网络的概率参数建模。

基于上述事件 X_1 和 X_2，通过 GeNIe 软件计算中间事件 T 的发生概率，如图 6-9 所示，和全概率公式计算结果一致，表明 GeNIe 软件计算结果准确。

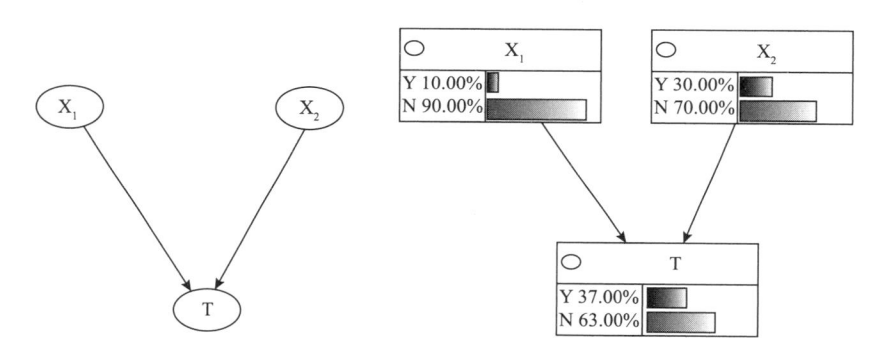

图 6-9　中间节点事件 T 的发生概率

6.2.1.3　贝叶斯网络模型的逆向推理分析

贝叶斯网络模型的逆向推理分析是在确定了某个节点风险事件 100% 发生的情况下，对与之有逻辑对应关系的各个节点风险事件的后验概率进行逆向推理运算，计算公式如下：

$$p(X_i = Y \mid T = Y) = \frac{P(T = Y \mid X_i = Y)p(X_i)}{\sum_{i=1}^{n} P(T = Y \mid X_i = Y)p(X_i)} \tag{6-15}$$

基于贝叶斯网络的逆向推理分析，借助 GeNIe 软件进行贝叶斯网络的逆向推理计算，如图 6-10 所示。

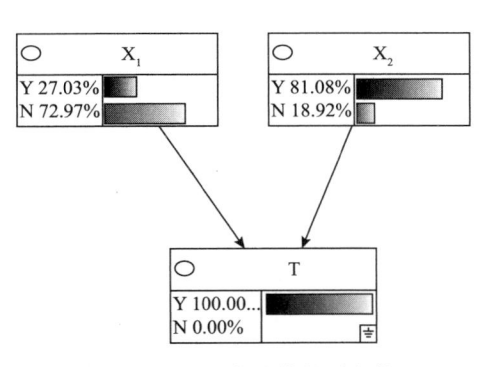

图 6 – 10　贝叶斯网络的逆向推理

借助 GeNIe 软件计算出各个事件后验概率，对模型中发生概率高的事件针对性地制订风险管控措施，从而降低事故发生的概率。

6.2.2　基于多态模糊贝叶斯网络的井架定量风险分析

6.2.2.1　事故树模型建立

通过大量的现场安全检查、文献调研和整理井架风险评估报告等方式，总结得到了可能造成井架安全事故发生的各项风险因素。按照风险因素之间的逻辑对应关系，对风险因素进行分类：顶事件 1 件，用 T 表示；中间事件 25 件，用 M_i 表示；基本事件 51 件，用 X_i 表示。具体如表 6 – 10 所示。

表 6 – 10　井架作业过程风险因素

符号	事件名称	符号	事件名称
T	井架安全事故	M_{14}	梯子滑倒
M_1	井架人员高处坠落	M_{15}	监护不到位
M_2	井架高空落物致人伤亡	M_{16}	错误使用安全带
M_3	井架失效倒塌	M_{17}	井架存在可坠物
M_4	身体失衡或设备设施缺陷	M_{18}	井架发生晃动
M_5	安全带不起作用	M_{19}	梯子存在缺陷
M_6	设备设施缺陷	M_{20}	环境因素
M_7	身体失衡	M_{21}	井架承载能力不足
M_8	作业面缺陷	M_{22}	载荷作用
M_9	登高设施缺陷	M_{23}	井架结构缺陷
M_{10}	防护设施缺陷	M_{24}	环境载荷
M_{11}	梯子缺陷	M_{25}	井架载荷
M_{12}	固定梯子设计缺陷	X_1	作业面倾翻
M_{13}	便携梯子缺陷	X_2	锈蚀或承载能力不足

符号	事件名称	符号	事件名称
X_3	作业面湿滑	X_{28}	未及时排查井架异物
X_4	立足面积小	X_{29}	作业工具遗忘在井架上
X_5	作业面杂乱	X_{30}	安装不合理
X_6	平台无护栏	X_{31}	零部件缺失
X_7	依靠栏杆不牢固	X_{32}	紧固件松动
X_8	未使用攀升保护器	X_{33}	杂物未固定
X_9	未安装速差防坠器	X_{34}	锈蚀
X_{10}	踏棍与井架间隙小	X_{35}	磨损
X_{11}	梯子两侧间隙大	X_{36}	人员经过
X_{12}	无护笼	X_{37}	人员违规操作
X_{13}	梯脚处湿滑	X_{38}	井架附属设备发生故障
X_{14}	放置角度不对	X_{39}	台风
X_{15}	无人监护	X_{40}	地震
X_{16}	监护人失职	X_{41}	未及时检验
X_{17}	手松脚虚	X_{42}	结构裂纹
X_{18}	探出身体作业	X_{43}	变形
X_{19}	用力过猛	X_{44}	固件松动
X_{20}	摆动或晃动	X_{45}	腐蚀
X_{21}	身体不适或突发疾病	X_{46}	磨损
X_{22}	未穿戴安全带	X_{47}	未按照要求安装
X_{23}	安全带破损	X_{48}	风力作用
X_{24}	挂点不牢固	X_{49}	地质条件作用（地震）
X_{25}	没有高挂低用	X_{50}	人员误操作
X_{26}	走动取下	X_{51}	井架异常过载
X_{27}	擅自接长使用		

梳理各风险因素之间的逻辑关系，以井架安全事故 T 为顶事件，以 M_1、M_2、M_3、…、M_{25} 为中间事件，以 X_1、X_2、X_3、…、X_{51} 为基本事件，构建井架作业过程安全风险事故树模型，如图 6 – 11 所示。

6.2.2.2 多态模糊贝叶斯网络模型建立

（1）基于井架事故树的贝叶斯网络化模型

基于贝叶斯网络的映射算法，将井架事故树模型转换为井架贝叶斯网络模型。叶节点事件用 T 表示，中间节点事件用 M_1、M_2、M_3、…、M_{25} 表示，根节点事件用 X_1、X_2、X_3、…、X_{51} 表示，如图 6 – 12 所示。

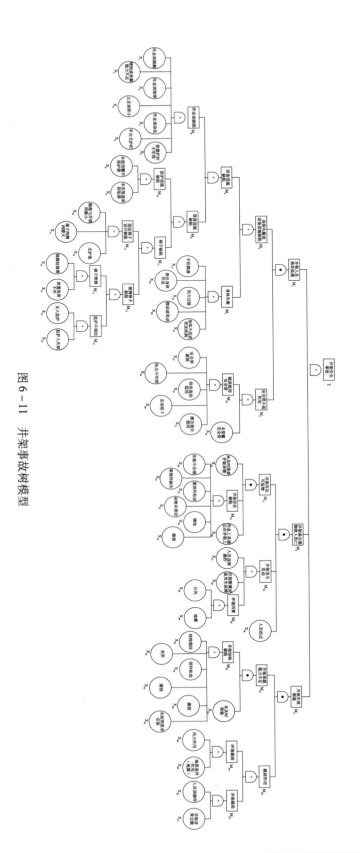

图 6-11　井架事故树模型

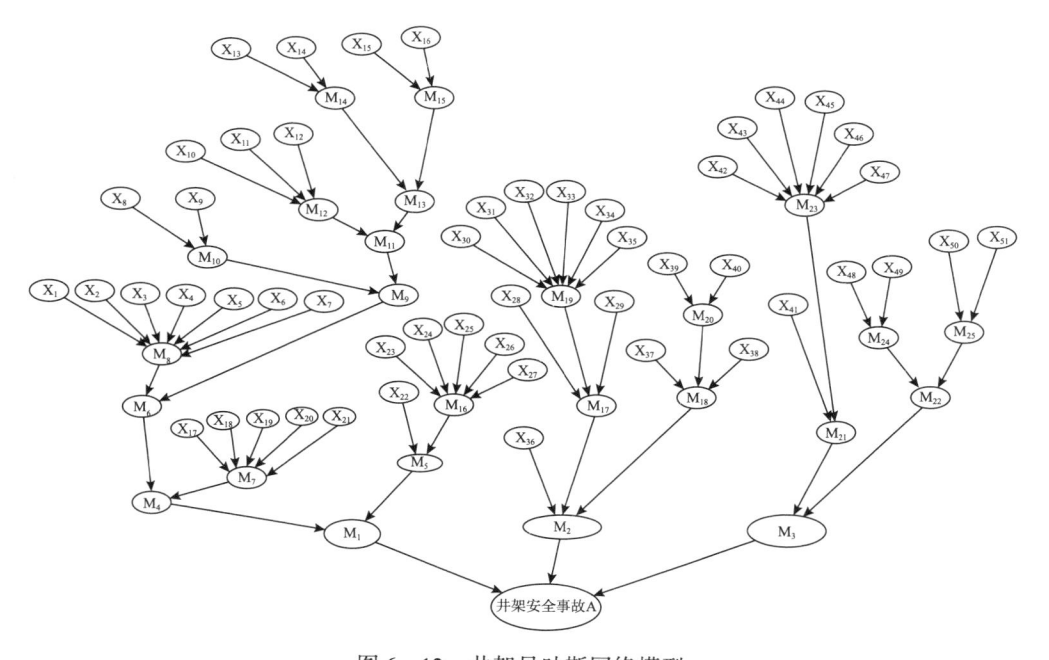

图 6－12　井架贝叶斯网络模型

（2）井架贝叶斯网络模型根节点先验概率

井架风险因素的概率是通过统计大量的井架事故历史数据和借助模糊集理论的专家对根节点事件发生的情况进行评判，将专家使用的自然语言评价转换成模糊数，最后进行综合分析得到较为准确的根节点事件的先验概率值。

对于无法通过历史数据确定的根节点概率事件，邀请了五位行业专家进行评价，依据评价结果，利用第 6.2.1.2 节中先验概率值计算流程公式进行根节点事件先验概率的计算，评价结果如表 6－11 所示。

表 6－11　专家评价结果

事件	专家 1	专家 2	专家 3	专家 4	专家 5	先验概率
X_3	M	FH	FH	M	H	0.0372
X_5	H	H	M	M	FH	0.0385
X_7	VL	VL	VL	L	L	0.0014
X_{11}	L	L	VL	VL	L	0.0011
X_{15}	L	L	M	L	M	0.0096
X_{16}	M	M	M	M	L	0.0105
X_{27}	L	L	M	VL	FL	0.0076
X_{28}	VL	VL	FL	FL	L	0.0059
X_{29}	L	M	L	L	M	0.0085
X_{33}	L	L	M	FH	FL	0.0152
X_{36}	VL	FL	L	L	VL	0.0558

事件	专家1	专家2	专家3	专家4	专家5	先验概率
X_{37}	VL	VL	FL	VL	L	0.0026
X_{50}	L	VL	FL	FL	VL	0.0023

最终，结合井架历史报告数据和专家评价结果得到所有根节点的先验概率，如表6－12所示。

表6－12　井架贝叶斯模型根节点先验概率

事件	先验概率	事件	先验概率	事件	先验概率
X_1	0.0002	X_{18}	0.0125	X_{35}	0.0956
X_2	0.0255	X_{19}	0.0254	X_{36}	0.0558
X_3	0.0372	X_{20}	0.0155	X_{37}	0.0026
X_4	0.0035	X_{21}	0.0055	X_{38}	0.0864
X_5	0.0385	X_{22}	0.0005	X_{39}	0.0028
X_6	0.0006	X_{23}	0.0002	X_{40}	0.0001
X_7	0.0014	X_{24}	0.0115	X_{41}	0.0558
X_8	0.0578	X_{25}	0.0266	X_{42}	0.0063
X_9	0.0556	X_{26}	0.0085	X_{43}	0.0095
X_{10}	0.0086	X_{27}	0.0076	X_{44}	0.0483
X_{11}	0.0011	X_{28}	0.0059	X_{45}	0.0782
X_{12}	0.0066	X_{29}	0.0085	X_{46}	0.0259
X_{13}	0.0759	X_{30}	0.0016	X_{47}	0.0052
X_{14}	0.0355	X_{31}	0.0039	X_{48}	0.0028
X_{15}	0.0096	X_{32}	0.0552	X_{49}	0.0001
X_{16}	0.0105	X_{33}	0.0152	X_{50}	0.0023
X_{17}	0.0788	X_{34}	0.0649	X_{51}	0.0065

（3）井架贝叶斯网络概率参数化模型

基于模糊集理论和历史数据确定的井架贝叶斯模型各个根节点风险因素的先验概率值，结合事故树逻辑门转换的条件概率，通过 GeNIe 软件建立井架贝叶斯网络概率参数化模型，如图6－13所示，并求解出各个中间节点的发生概率，最终求得叶节点的概率。

由井架安全事故的贝叶斯网络概率参数化模型可以看出，井架安全事故发生的概率为16.09%，其中井架人员高处坠落发生的概率为2.18%，井架高空落物致人伤亡发生的概率为14.21%，井架失效倒塌发生的概率为0.011%。

6.2.2.3　贝叶斯网络模型逆向推理分析

在假设井架安全事故100%发生的情况下，利用 GeNIe 软件进行井架安全事故贝叶斯网络的逆向推理计算，贝叶斯网络模型的逆向推理分析如图6－14所示。

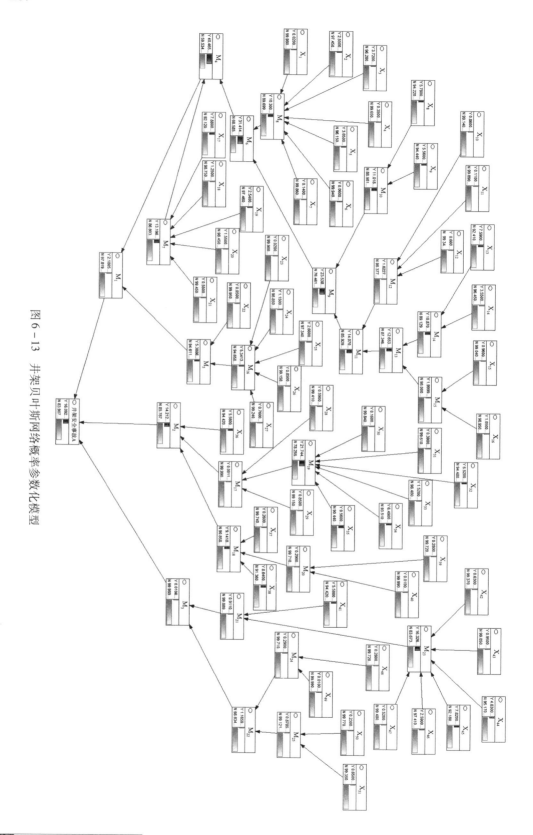

图 6 – 13　井架贝叶斯网络概率参数化模型

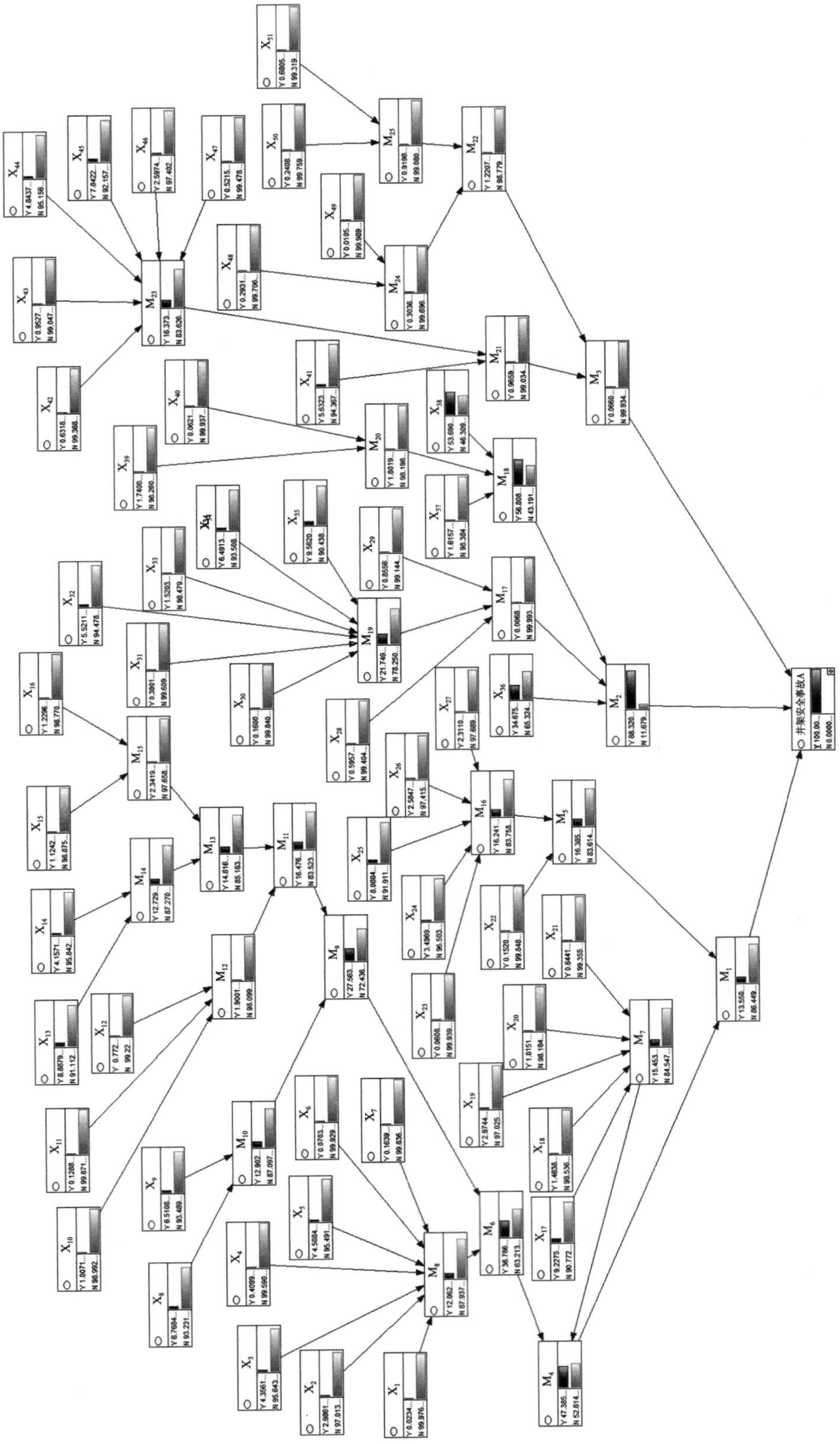

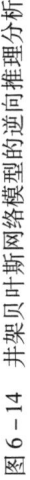

图 6 - 14　井架贝叶斯网络模型的逆向推理分析

在井架安全事故100%发生的前提下，逆向推理结果显示：事件M_1井架人员高处坠落的后验概率为13.55%，事件M_2井架高空落物致人伤亡的后验概率为88.32%，事件M_3井架失效倒塌的后验概率为0.066%。事件M_2发生的概率远大于M_1和M_3，因此要重点关注井架高空落物致人伤亡的事件。在井架高空落物致人伤亡事件M_2中，井架附属设备发生故障事件和人员经过事件的后验概率远大于其他事件，因此，需要针对性地采取措施，降低这两个风险事件的发生概率，保障井架的安全作业。

6.3　本章小结

本章利用基于层次分析的模糊综合评价法建立了海洋井架安全等级模糊综合评价模型，结合调研及检验检测数据，并充分参考相关标准，确定了井架安全性能量化评定准则，实现了对目标平台修井机井架的量化风险分级。此外，针对井架作业过程中的复杂性、动态性、模糊性和多态性等特点，构建了基于多态模糊贝叶斯网络的井架安全风险事故分析模型，量化评估了井架作业全过程的风险因素，实现了井架作业全过程的动态定量风险评估。

7 修井机井架钻井作业安全风险评估

7.1 作业概述

海洋石油固定平台进行油气开采是一项工序繁杂、交叉联合、高度协同、作业风险较高的系统工程，其中安全、便捷、高效地完成钻井作业是决定整套油气开采成败的关键环节。海洋石油固定平台钻井作业的设施包括自升式钻井平台、海洋石油固定平台钻机，但由于受海洋石油固定平台初始设计、油藏分布、井槽结构布局、海底管线/电缆布置等多因素影响，部分海洋石油固定平台仅装有修井机，无法使用自升式钻井平台（无法覆盖全部井槽）或海洋石油固定平台钻机进行钻井作业。而根据海洋石油固定平台修井机设计属性，修井机设计能力不能满足钻井作业要求，因此原则上不使用修井机进行钻井作业，但考虑以上客观因素限制及海洋石油增储上产需求，确有使用修井机进行钻井作业的需求及必要性。而受限于修井机能力先天不足，需要采用修井机联合自升式多功能支持平台来完成钻井作业。

根据海洋石油固定平台修井机设计属性，其功能与自升式钻井平台及海洋石油固定平台钻机相比较，在模块承载能力、提升能力、井控能力、场地摆放、吊装能力、救逃生能力、作业支持能力等方面存在欠缺与不足。因此在钻井作业前需要对修井机进行升级改造，改造的内容包括但不限于提升系统、井控系统、循环系统、作业支持系统等。升级改造后的修井机在功能属性、作业能力、安全冗余等多方面发生了改变，通过常规的修井机定性安全评估方法（安全检查表法、专家评议法、功能验证法等）难以精准评估修井机钻井作业存在的各项风险。因此为保证修井机钻井作业安全，确保升级改造后的修井机设备设施功能属性符合钻井作业能力要求，有必要研究一套定性评估与定量计算相结合的海洋石油固定平台修井机联合自升式多功能支持平台进行钻井作业风险评估方法。安全风险评估内容如下：

（1）运用安全系统工程的方法，分析识别海洋石油固定平台修井机联合自升式多功能支持平台进行钻井作业过程中可能存在的危险、有害因素；

（2）对修井机能力、作业和生活支持能力和生产设施结构强度进行深度评估，判断是否满足要求；

（3）对钻井作业固有的危险、有害因素进行分析，预测其危险和事故可能造成的后果；

（4）提出风险控制的对策及措施，降低风险，提高作业的本质安全程度；

（5）为钻井作业安全生产管理提供依据。

7.1.1 修井机改造概况

为满足 M 平台 2 口调整井钻井作业，对 M 平台修井机设备进行升级改造，以满足后续调整井钻井作业。

M 的作业模式是利用 M 平台 SJF225DB 海洋修井机进行作业，由 H10 号作业支持平台提供泥浆循环系统、泥浆池、固控设备及顶驱动力等，主要改造内容包括：顶驱安装、顶驱变频房就位连接调试以及泥浆循环系统改造等。现场作业模式如图 7-1 所示。

图 7-1　现场作业模式

7.1.2 关键设备概况

调整井钻井作业计划由 M 平台 SJF225DB 海洋修井机联合 H10 号共同完成，钻井包部分使用 M 平台修井机，H10 号提供循环系统、固控系统、部分动力、生活支持等，关键设备清单如表 7-1 所示。

表 7-1　钻井关键设备清单

序号	设备名称	制造商	设备型号	数量	技术参数
1	井架	江汉石油管理局第四机械厂	SJJ225/44	1	最大钩载：2250kN（5×6 绳系） 净空高度：44m 最大作业风速： 无钩载满立根：93 节 无钩载空立根：107 节 二层台容量：2000～3200m（5″钻杆）

续表

序号	设备名称	制造商	设备型号	数量	技术参数
2	底座	江汉石油管理局第四机械厂	HZDZ225/9	1	底座高度：9m 净空高：7.8m 额定立根载荷：1350kN
3	绞车	江汉石油管理局第四机械厂	SDW1000DB	1	额定输入功率：800kW 快绳最大拉力：280kN 钢丝绳直径：32mm 额定输出扭矩：32kN·m
4	天车	江汉石油管理局第四机械厂	STC-225	1	最大钩载：2250kN 适用钢丝绳直径：32mm 滑轮数：7个
5	游车	江汉石油管理局第四机械厂	YC225	1	最大钩载：2250kN 主滑轮数：5个 主滑轮直径：1120mm 钢丝绳直径：32mm
6	大钩	江汉石油管理局第四机械厂	DG225	1	最大钩载：2250kN 主钩口直径：160mm 副钩口直径：100mm
7	转盘	江汉石油管理局第四机械厂	ZP375	1	最大静载荷：5850kN 最高转速：300r/min 通孔直径：952.5mm($37\frac{1}{2}''$) 齿轮传动比：3.56
8	顶驱	景宏	DQ50BQ	1	最大载荷：350t 额定功率：450kW 主通径：75mm 持续输出扭矩：48kN·m 最大输出扭矩：72kN·m
9	环形防喷器	华北荣盛	FH35-35	1	通径：$13\frac{5}{8}''$ 额定工作压力：35MPa
10	双闸板防喷器	华北荣盛	2FZ35-35	1	通径：$13\frac{5}{8}''$ 额定工作压力：35MPa
11	单闸板防喷器	华北荣盛	FZ35-35	1	通径：$13\frac{5}{8}''$ 额定工作压力：35MPa
12	钻井四通	华北荣盛	FS35-35	1	通径：$13\frac{5}{8}''$ 额定工作压力：35MPa

7.2 钻井作业风险辨识与分析

危险因素是指能对人造成伤害或对物造成突发性损害的因素；有害因素是指能影响人的身体健康，导致疾病，或对物造成慢性损害的因素。尽管危险有害因素有各种各样的表现形式，但从本质上讲，之所以能造成有害的后果，都可归结为存在能量、有害物质以及能量、有害物质失去控制两方面因素的综合作用，并导致能量的意外释放和有害物质的泄漏、挥发的结果。

根据作业的实际情况，依据 GB/T 13861《生产过程危险和有害因素分类与代码》、GB 6441—1986《企业职工伤亡事故分类》对危险、有害因素分类，从危险物料、作业流程、环境条件影响等方面对危险有害因素进行全面的辨识、分析，辨识作业存在的主要危险有害因素的种类、分布及其可能产生的方式和途径，以便查找出可能发生事故的基本事件，防患于未然。

7.2.1 危险、有害物质辨识

M 平台修井机调整井钻井作业过程中涉及的主要危险物质是原油、天然气、硫化氢、钻井液相关化学物品等，相关物质具有易燃、易爆、有毒的危险特性。以下主要针对这几种物质进行分析。

（1）原油

原油蒸气与空气形成爆炸混合物，遇明火、高热能引起燃烧爆炸，与氧化剂能发生强烈反应，遇高温可分解出有毒的烟雾。原油的危险性主要为：

1）易燃性。原油闪点较低，具有火灾危险性。

2）静电荷积聚性。管道运输原油时，原油与管壁摩擦会产生静电，且不易消除。当静电放电时会产生电火花，其能量达到或大于原油的最小点火能并且原油的蒸气浓度处在爆炸极限范围内时，可立即引起爆炸、燃烧。

3）扩散流淌性。原油有一定黏度，受热后其黏度会变小，泄漏后可流淌扩散。其蒸气密度比空气大，泄漏后的原油及挥发的蒸气易在地表、地沟、下水道及凹坑等低洼处滞留，遇火源而引起火灾。

4）热膨胀性。原油处于着火现场附近受到火焰辐射的高热时，其体积会有较大的增长，会因膨胀而顶爆固定容积的容器或溢出容器，进而参与燃烧甚至爆炸，酿成更大事故。

5）易沸溢性。原油容易受热膨胀、沸溢。原油受热膨胀压力升高，会造成储存容器受压增加。易导致沸溢或喷溅燃烧的油品大量外溢，甚至从罐中喷出，从而造成重大火灾事故。

（2）天然气

钻井作业过程中，涉及伴生气易燃易爆物质。伴生天然气主要成分为甲烷。天然气无色、无臭、易燃，在常温常压下呈气态。其与空气混合形成爆炸性混合物，遇明火极易燃烧爆炸，属甲 B 类易燃易爆气体。如果出现泄漏，其轻组分能无限制地扩散、顺风飘动，形成着火爆炸和蔓延扩散的重要条件，遇明火回燃；其重组分泄漏后易存留在地表、沟坑、低洼、死角处，较长时间积聚不散，增加了火灾、爆炸危险性。它的危险性主要表现在以下几个方面：

1）扩散性。天然气比空气轻，逸散在空气中可以无限制地扩散，易与空气形成爆炸性混合物，且能够顺风飘荡，致使可燃气体着火爆炸和蔓延扩展。

2）易爆性。其蒸气能与空气形成爆炸性混合物，遇明火、高热能引起燃烧、爆炸。

3）带电性。气体中含有固体颗粒或液体杂质，在压力下高速喷出时与喷嘴产生了强烈的摩擦，因而能产生静电荷。因此，气体中含有的液体杂质或固体杂质越多，静电荷越多。流速越快，产生的静电荷也越多。

4）易受热膨胀。受热膨胀，蒸气压升高，会造成储存容器受压增加。遇高热或发生火灾时，就会引起容器膨胀或爆炸，造成伤亡事故。

5）可压缩性。天然气是可压缩的，因而输气管的输送压力较高，超压运行或管道、设备存在缺陷可能会产生物理爆炸。

6）冰堵。在一定的压力和温度下，管线中的天然气易形成水合物，造成管线堵塞，使输气管线不能正常进行生产。

（3）硫化氢

该项目在钻井作业过程中，可能产生硫化氢气体。硫化氢是强烈的神经毒物，对黏膜有明显的刺激作用。在较低浓度下，即可引起呼吸道以及眼黏膜的局部刺激作用；浓度越高，全身性作用越明显，表现为中枢神经系统紊乱和窒息症状。长期低浓度接触硫化氢会引起结膜炎和角膜损害。吸入少量高浓度硫化氢可于短时间内致命。硫化氢的存在还对设备产生腐蚀作用，修井和完井等作业过程中，还会产生气氢脆作用。

（4）放射性物质

该项目在钻井作业过程中有可能使用放射源。若相关作业人员未按照规定操作或没有按照规定穿戴好劳动防护用品进行作业，可能会造成放射性伤害。放射源在使用过程中有遗失和保护层破损的风险，对处于一定范围内的人体具有危害性，使用过程需加倍小心。

（5）其他化学品

在钻井作业时使用的泥浆中存在多种危害物质，如石灰石、酸物质、碱物质以及携带的油气等其他化学物质，特别是酸、碱物质存在一定的腐蚀性，若作业人员在作业时防护不当可能腐蚀皮肤，不慎溅入眼睛可能对眼睛造成较大伤害。另外，酸、碱物质对钻修井工具也具有一定的破坏性。

7.2.2　主要危险因素

7.2.2.1　钻井作业风险

（1）井涌、井喷

钻井阶段存在因各种因素导致的井喷危险。造成井喷的主要原因有：

1）起钻抽吸，造成诱喷；

2）起钻不灌钻井液或没有及时灌满；

3）未能准确地发现溢流；

4）发现溢流后处理措施不当；

5）井控设备的安装及试压不符合要求；

6）井身结构设计不合理；

7）对浅层气的危害缺乏足够的认识，若钻井过程中遇到浅层气发生溢流，且未能及时采取正确的处置措施，可能导致井喷；

8）地质设计未能提供准确的地层孔隙压力资料，使用了低密度钻井液，钻井液柱压力低于地层孔隙压力；

9）空井时间过长，又无人观察井口；

10）钻遇漏失层段未能及时处理或处理措施不当；

11）相邻注水井不关停或未减压。

（2）上碰下砸风险

石油钻机为了避免上碰下砸风险，在石油钻机井架净空高度、绞车防碰配置方面都有一定要求。而修井机配置与钻机配置要求有一定差异，因此使用修井机进行起下钻、下套管、检维修等作业及运维过程中存在上碰下砸风险，主要原因包括：

1）钻机具备三道防碰系统，分别为重锤防碰系统、滚筒过卷阀防碰系统、智能电子防碰系统，修井机的配置为不低于机械和电子两种防碰系统，通常配置为滚筒过卷阀防碰系统和智能电子防碰系统。因此修井机防碰系统配置相较钻机防碰系统配置低。

2）石油钻井考虑方钻杆/顶驱钻井作业，钻井净空高度一般不小于43m，游车距天车底部安全距离不小于4m，缓冲距离长；修井机钻完井净空高度一般不小于33m，安装顶驱后，游车距天车底部安全距离存在小于4m的情况，缓冲距离短，存在顶天车风险。

3）修井机主刹车即带刹能力不足，依靠"带刹＋伊顿气动盘刹"同时配合工作，钻完井作业通常为长时间连续作业，将加速磨损两套刹车系统，存在"下砸"风险。

（3）电气伤害

电气伤害通常是指人员受到触电伤害，平台设置各种电气设施和电源，在绝缘损坏或者操作人员直接接触漏电设施的情况下，存在人员触电的危险。本项目进行绞车、顶驱、泥浆泵等设备调试运维过程中，如果出现各种电气设备漏电保护装置失灵、电线绝缘保护失效或维修操作人员违章等，可能造成人员触电伤害。现场临时用电及配电线路如果不设置漏电保护器，不采用一机一闸、一箱一锁，未按规定进行电路巡检等，也可能造成人员触电事故。参考以往海上平台电气伤害事故案例，电气伤害事故发生频率较高，通常是操作人员违章造成的。

（4）起重伤害

海上平台上部设施布局紧凑。起重设备故障、安全装置失效、操作人员注意力不集中、安全意识不强、违章操作、管理不善等都有可能造成起吊物坠落、吊物与设备碰撞、吊物吊具打击、坠落伤害等。

受张力作用下的绳索具有大量的能量，一旦发生断裂将有对人鞭抽作用的可能。绳索发生故障的可能性可通过定期检查维护和规范操作来降低。

（5）机械伤害/物体打击

平台上的机械设备潜在各种危险因素，包括机械设备运动（静止）部件、工具、加工件直接与人体接触引起的夹击、碰撞、剪切、卷入、绞、碾、割、刺等形式的伤害，各类转动机械的外露传动部分（如齿轮、轴、履带等）和往复运动部分对人体造成的伤害，因机械故障而潜在抛射物危险等。

导致机械伤害的原因主要包括两方面：一是人员的不安全行为，如操作失误、误入危险区、未配备安全防护装备、其他人员的影响等；二是机械设备的不安全状态，如设备安全防护设施不完善、机械故障等。同时，外部自然环境的影响也会导致人员受到机械伤害，如照明不足会导致人员无法看清楚造成机械伤害等。钻井作业涉及的主要机械设备包括绞车、顶驱、泥浆泵、转盘、柴油机、应急发电机等，这些设备均没有外露的运动部件（除驱动轴外），且有防护外罩，来自机械抛射物的风险并不严重。

（6）高处坠落

井架、二层台、泥浆池上以及安装布置在框架等较高位置的设备，操作、检修人员在其上进行拆装和安装作业时，若不采取有效的防护措施，如不系安全带、安全带挂不牢、安全带质量问题等，将会导致高处坠落事故。钻井过程中，作业人员要爬到井架二层台平台作业，因梯子、围栏不牢或损坏、作业人员违章作业等会发生高处坠落事故。二层台至天车梯子没有防坠器和防坠护笼，上天车人员易发生高处坠落事故。作业人员违章登高进行其他作业，也会导致高处坠落事故的发生。另外，作业人员在井口区进行相关作业，也可能会发生人员坠落下层甲板的事故。

（7）放射性作业

钻井作业过程中通过测井以获得各种石油地质资料及工程技术资料。放射性测井是测井方法之一，采用的是放射性同位素示踪的方法。

放射源是一种能产生对生态环境及人体有较大作用射线的物质，如果在没有可靠防护措施的情况下接触辐射，将会对人体造成极大的伤害以至死亡。放射源一旦丢失或失去屏蔽层保护，将会产生一个相当大的辐射区，使作业人员及环境受到无法估量的伤害。

测井时将使用放射性同位素进行井筒内的深度校核。该放射源较小，但具有极强的放射性，会对作业人员造成放射性伤害。

（8）高压作业

钻井作业过程中涉及高压或超高压作业，存在管线刺漏现象，钻井液、酸液、油气泄漏后将会带来严重后果。造成管线、设备设施穿刺泄漏的主要原因如下：

1）高压管线接箍失效，如安装不合格、选材不合格、高压冲击；

2）高压管路失效，如安装、焊接不合格，材料（砂眼）质量缺陷，腐蚀失效，高压冲击；

3）防喷设备设施失效，如压裂过程中压力超过防喷设备的压力等级，防喷设备材料质量缺陷，腐蚀失效等；

4）其他接口失效（压力表、流量表），如制造、安装不合格，高压冲击，密封材料失效；

5）其他管理原因，如违规指挥、违章作业导致的超高压引起的刺漏。

（9）联合作业

本次调整井钻井作业存在着钻井、修井作业和采油生产联合作业的情况。在联合作业的过程中存在作业间的相互影响，如果作业人员的安全意识淡薄，安全管理工作不到位，就会发生较严重的安全事故，甚至使事故叠加升级。大量事实证明，在联合作业中由于组织分工不明确、指挥不统一和交流不透彻，导致行动不统一，从而导致重大事故的发生。为了防止作业单位之间的相互影响、相互干扰，避免出现可能的风险和事故，需要制定联合作业期间的防范措施，从而确保作业的安全。

7.2.2.2 钻井关键设备能力不足风险

（1）利用修井机进行钻井作业时，由于钻井作业下套管、倒划眼及处理事故复杂情况时，对设备的提升系统（包括井架承载力、井架空间、底座高度、绞车提升等）能力要求较高，而修井机与钻机的各项设计属性、安全系数均不同，在应对钻井各类复杂工况和井下工程事故处理时，存在修井机提升能力不足风险。

（2）通常修井机仅配置游车大钩，而钻井作业过程中需要进行旋转钻进、滑动钻进、倒划眼等工序，对修井机的旋转系统能力要求较高，需要单独配备顶部驱动装置；同时钻井作业过程中各类工具串、管柱串结构尺寸较大，存在管柱或工具串无法通过转盘风险，因此基于以上因素，使用修井机进行钻井作业存在旋转设备能力不足风险。

（3）因修井机底座净空高不足等原因，无法按照标准要求配置相应压力等级的防喷器组；因修井机初始设计及空间限制等原因，未配置符合标准要求的防喷器控制系统；因修井机初始设计原因，未配置符合标准要求压力等级的阻流压井管汇；未配置符合标准要求处理能力的液气分离器及除气器。因此基于以上各因素，使用修井机进行钻完井作业存在井控设备能力不足风险。

(4)因修井机高压管汇长期冲蚀磨损及高压管汇漏检等原因，在钻井作业过程中需要处理各种复杂工况，管汇压力较高，存在管线刺漏风险。因此基于以上因素，使用修井机进行钻井作业存在管汇刺漏风险。

(5)钻井作业过程中需要进行大排量钻井、倒划眼等钻井工序，相对于修井机常规修井作业，使用修井机进行钻井作业需要新增顶驱、固控系统、大排量泥浆泵等多项大功率钻井设备，因此平台的电力负荷应满足各工况钻井作业基本需求。在保证基本正常照明、生活用电、通信基础上，应保证能够提供钻井设备、循环系统及固控系统、固井系统的用电供给。因此基于以上因素，使用修井机进行钻井作业存在电力(包括主电及应急电)不足风险。

(6)使用修井机进行钻井作业，需要新增顶驱、泥浆泵、固控等多项设备，对于处在危险区域内的电气设备，存在使用非防爆电气风险；对于修井机及钻井作业支持平台原有防爆电气设备，存在漏检漏查等风险。

(7)使用修井机进行钻井作业，因固井泵系统及散装罐系统配置不足，浆泵组排出压力排量不足，泥浆罐容量不足，泥浆循环、净化设备和岩屑回收设备配置不足等原因，无法满足钻井作业要求。因此基于以上因素，使用修井机进行钻井作业存在固井系统、固控系统及循环系统能力不足风险。

7.2.2.3 作业和生活支持能力不足风险

(1)使用修井机进行钻井作业，需要对修井机进行改造，针对以上情况，受平台甲板场地限制，存在平台布局改变、不符合标准要求等风险。

(2)使用修井机进行钻井联合作业，作业人员包括油田生产方、作业方代表、钻井作业队、钻井各承包商及其他联合作业相关方，因此存在人员住宿能力及救逃生能力不足风险。

(3)使用修井机进行钻井作业过程中存在井涌、井喷风险，可能导致火灾爆炸等安全事故，要求修井机所在平台及作业支持平台消防设备能够满足平台最大火区消防水供给量，其他消防设备配置符合相关法规标准要求。因此基于以上因素，存在消防能力不足风险。

(4)因作业和生活支持平台火气系统、关断系统等缺陷，存在其他风险。

7.2.2.4 应急能力不足风险

(1)应急预防能力

修井机钻井作业过程中，一旦发生油气泄漏，若遇点火源，可能会导致火灾或者爆炸事故，使人员暴露在危险环境中；油气生产过程中可能存在油气泄漏风险，原油、水和伴生气是生产井及工艺流程中的主要流动介质，油气生产及修井系统中的设备、管道、阀门、法兰接口等可能会因为腐蚀、雷击、关闭不严或施工质量不达标等原因导致油气发生泄漏；此外，由于人员的操作不当也可能会造成原油泄漏；在调整井钻井作业过程中，使用的顶驱、柴油机、泥浆泵、绞车等关键设备"跑、冒、滴、漏"可能存在油污入海风险；钻井作业过程中使用的钻井液及产生的含油岩屑在高架槽、固控区、井口大盖区、泥浆泵舱、泥浆池等区域因设备操作不当等原因，存在含油泥浆及岩屑入海风险；在钻井作业过程中发生井喷时，存在含油泥浆及油气入海风险。因此基于以上因素，使用修井机进行钻井作业存在风险分析不全面、应急预防不到位、应急监测不覆盖等应急预防阶段能力不足风险。

（2）应急准备能力

在使用修井机进行钻井作业过程中针对不同作业风险，在应急管理法规与制度建立、应急组织机构建立、应急预案制定、人员应急能力培训、各类专项应急物资配备等方面存在欠缺或不足，导致应急准备能力不足风险。

（3）应急响应能力

在固定平台使用修井机进行钻井作业属于边钻边采的联合作业。在联合作业过程中，存在因组织分工不清晰、指挥不统一、信息交流不顺畅导致设备损坏、钻井事故或人员伤害事故等风险。因此，由于信息传递不畅通、指挥协调不明确、应急救援不及时等因素，使用修井机进行钻井作业存在应急响应阶段能力不足风险。

（4）后期处置能力

使用修井机开展钻井作业，在发生应急情况后，由于存在善后处理不及时、事故调查不彻底、事故总结评估不全面等因素，因此使用修井机进行钻井作业存在应急后期处置能力不足风险。

7.2.2.5　平台结构强度不足风险

利用修井机钻井作业，如新增的载荷超过了平台现阶段结构所能承受的有效可变载荷，就有可能导致平台失去稳定，甚至平台垮塌。主要表现在：

（1）固定平台上层甲板将安装和摆放大量的设备以及钻井所需的材料，新增的活载荷超过了平台现阶段平台所能承受的有效最大载荷；

（2）钻井作业过程中，提升系统因处理复杂事故、下套管、人员操作失误等原因造成"过提"，钻井作业载荷超过了设备所能承受的最大载荷；

（3）风载荷、地震载荷等环境载荷原因造成的平台失稳风险。

7.3　钻井作业工艺安全评估

结合危险、有害因素分析，利用事故树分析法、LEC法对修井机井架高处坠落、修井机井架二层台作业进行风险评估。

7.3.1 井架高处坠落 FTA 分析

在常规起下钻作业过程中，井架工每日要多次爬、下井架，并长时间在二层台进行上卡、解卡及排放立根等操作。井架高处作业稍有不慎即有可能发生高处坠落事故，为分析事故原因，在此以在井架高处坠落作为顶事件建立事故树模型，见图 7-2。

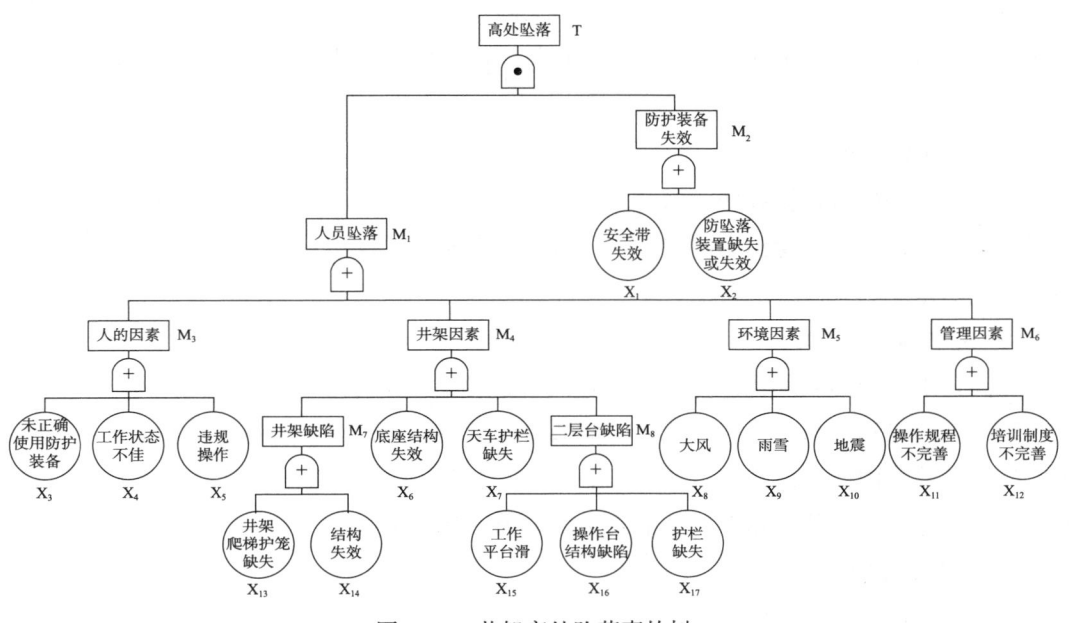

图 7-2 井架高处坠落事故树

由图 7-2 可见，若要预防井架高处坠落事故的发生，除了要确保井架配备的防护装备安全有效外，更重要的是要减少作业人员发生坠落的风险。可以从人员、井架本身、环境及管理角度多方面采取措施，其中重点是要确保井架本身不存在结构缺陷。

7.3.2 井架二层台作业 LEC 分析

在钻井作业过程中需要进行连续的钻进、短起下、起钻等工序，井架工需要连续在井架二层台进行高处作业，其中修井机二层台由猴台、护栏、指梁等构成，在钻井作业工程中如出现井喷、火灾、井架倾倒等紧急情况时，井架工逃生存在一定风险，即使二层台有逃生装置，井架工一般都从其侧面逃生，存在高处坠落、耗时过长、操作不便等安全隐患，影响逃生效果。因此，应用作业条件危险性评估法对修井机井架工二层台作业进行危险性分析，将定性和定量分析相结合。作业条件危险性评估法是指以被评估的作业环境与某些作为参考的环境对比为基础，采取打分法，指定各种自变量的分值，最后根据总的危险性分值来评估其危险性。危险性的三个主要因素：一是发生事故的可能性(L)；二是暴露于危险环境的频繁程度(E)；三是发生事故产生的后果(C)。因此危险性(D)用公式表达：$D = L \times E \times C$。D 值越大，作业条件的危险性越大。作业条件的危险性评估法以类比作业条件为基础，由熟悉此类作业条件的专家按规定标准给 L、E、C 分别打分，计算出危险性分值(D)来评估作业条件的危险性等级。

（1）发生事故的危险性或可能性

事故或危险发生的可能性与实际发生的频率相关。当用概率表示时，绝对不可能的事件发生的概率为 0，而必然发生的事件的概率为 1。然而在做系统安全考虑时，绝不发生事故是不可能的，因此不存在概率为 0 的情况，所以人为地将"发生事故可能性极小"的分数定为 0.1，而完全会被预料到的分值定为 10。在实际生产中，事故或危险事件发生的可能性的范围广泛，根据发生可能性的大小在两者间确定若干中间值，具体如表 7 - 2 所示。

表 7 - 2　事故或危险事件发生可能性的分值(L)

分值	事故或危险性发生的可能性	分值	事故或危险性发生的可能性
10	完全会被预料到	0.5	可以设想，但高度不可能
6	相当可能	0.2	极不可能
3	不经常，但有可能	0.1	实际上不可能
1	完全意外，极少可能		

（2）暴露于潜在危险环境的可能性

作业人员出现在危险环境中的时间越多，暴露次数越多，受到伤害的可能性越大，则危险性越大。规定连续出现在危险环境中的分值为 10，而非常罕见地出现在危险环境中的分值定为 0.5。同样将介于两者之间的各种情况规定若干个中间值，并确定其区间暴露情况的分值。具体见表 7 - 3。

表 7 - 3　暴露于潜在危险环境的分值(E)

分值	出现在危险环境的频度	分值	出现在危险环境的频度
10	连续暴露于潜在危险环境	2	每月暴露一次
6	逐日在工作时间暴露	1	每年几次出现在潜在危险环境
3	每周一次或偶尔暴露	0.5	非常罕见的暴露

（3）发生事故或事件可能结果的分值

发生事故或危险事故的人身伤害或物质损失变化范围很大，对伤亡事故来说，可从极小的轻伤直到多人死亡的严重结果。由于范围广阔，所以规定分数值为 1 ~ 100，把需要救护的轻微伤害规定分数为 1，把造成多人死亡的可能性分数规定为 100，其他情况的数值均在 1 与 100 之间，确定其他伤害的分值，具体见表 7 - 4。

表 7－4　发生事故或事件可能结果的分值（C）

分值	可能后果	分值	可能后果
100	大灾难，有许多人死亡	7	严重，严重伤害
40	灾难，数人伤亡	3	重大，致残
15	非常严重，一人死亡	1	引人注目，需要救护

（4）作业危险性的判据：危险性分值（D）

确定了上述 3 个具有潜在危险性的作业条件的分值后，按公式进行计算即可得危险性分值。为了明确地表征危险程度，通过危险评估，需要得到能够反映评估对象发生事故危险性大小的一个相对数值，然后根据危险程度分级方法和分级标准，把评估结果变成危险等级，以明确区分评估结果多大时是相对安全的，多大时是比较危险的，据此进行危险程度评估，具体标准见表 7－5。

表 7－5　危险性分值（D）

分值	危险程度	分值	危险程度
＞320	极其危险，不能继续作业	20～70	可能危险，需要注意
160～320	高度危险，需要立即整改	＜20	稍有危险，或许可以接受
70～160	显著危险，需要整改		

应用作业条件危险性评估法（$D = L \times E \times C$），对作业环境危险性进行预期评估，可以使人们认识其危险程度，先行采取预防措施，对危险因素进行预控，从而降低危险发生的可能性，使危险性降到最低，减少危险发生。

应用作业条件危险性评估法对修井机井架工二层台作业进行危险性分析，井架工在二层台作业时，由于二层台未安装逃生装置，一旦发生井喷、有毒气体泄漏及火灾等突发状况，事故或危险事件发生的可能性是较大的，因此通过专家评估，依据表 7－2，事故发生的可能性分值 L 取值为 3；在钻井作业过程中，井架工要频繁在二层台进行作业，因此依据表 7－3，暴露于潜在危险环境的分值 E 取值 6；根据同类井喷井架起火事故统计分析，一旦井喷起火井架工死亡的概率很大，依据表 7－4，取 C 值为 15。

因此，修井机井架工二层台作业的危险性分析：

$$D = L \times E \times C = 3 \times 6 \times 15 = 270$$

根据危险性分值表 7－5，修井机井架工二层台作业的危险性为"高度危险"。因此在使用修井机钻完井作业过程中应安装井架二层台逃生装置，逃生装置的安装、维保应符合 SY/T 7028《钻（修）井井架逃生装置安全规范》要求。根据现场评估检查，M 平台修井机井架二层台已按照标准要求安装井架二层台逃生装置，因此评估组认为井架工在二层台作业风险可控。

7.4 修井机井架定性定量安全评估

由于海洋修井机井架设计最大载荷依据修井工况而定，而钻井作业载荷相对修井作业载荷大幅提高，故修井机井架在进行钻井作业时可能会面临承载能力不足的问题。且修井机井架高度较小，一般不安装顶驱作业，在钻井作业安装顶驱后可能会遇到空间不足等问题。因此，需要对修井机井架在钻井作业工况下安全性及符合性进行风险评估。

7.4.1 井架承载能力校核

修井机在 M 平台布局如图 7-3 所示。

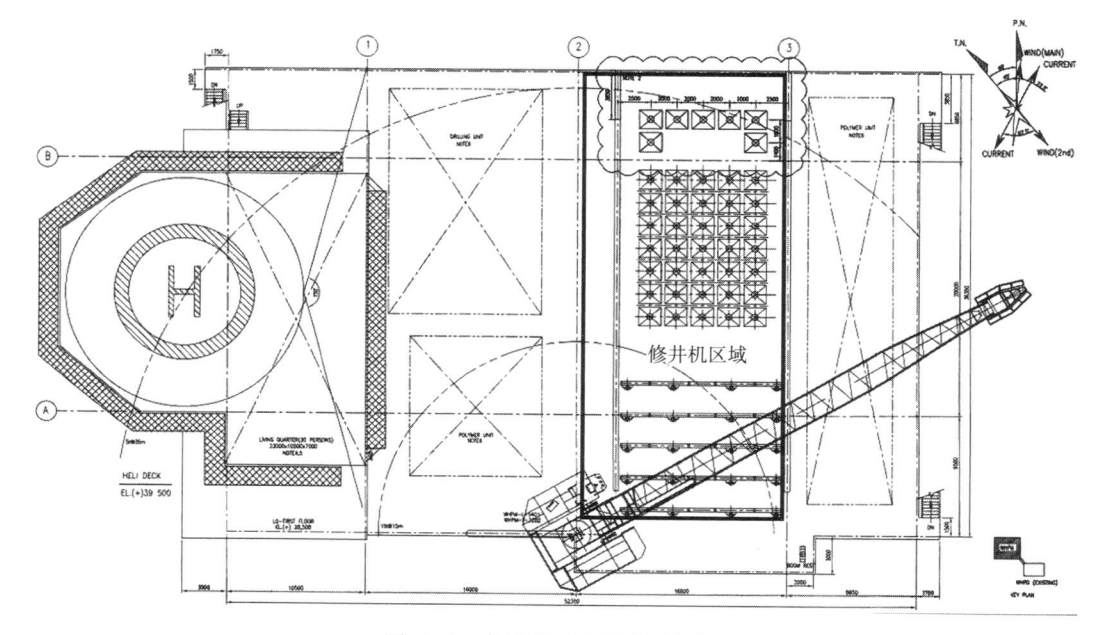

图 7-3　修井机在顶甲板布局图

修井机井架型号为 SJJ225/44，2013 年 3 月由江汉石油管理局第四机械厂制造出厂，其结构形式见图 7-4。

依据标准 SY/T 6326—2019《石油钻机和修井机井架承载能力检测评定方法及分级规范》，在 2022 年 9 月对该井架进行了承载能力测试。井架承载能力测试报告（编号 HYSYTJ - 2022 - 013）结果如下：

1）井架主体结构未见明显损伤和变形；

2）该井架当前的最大钩载为 2250kN。

测评结论如下：

根据 SY/T 6326—2019《石油钻机和修井机井架承载能力检测评定方法及分级规范》做

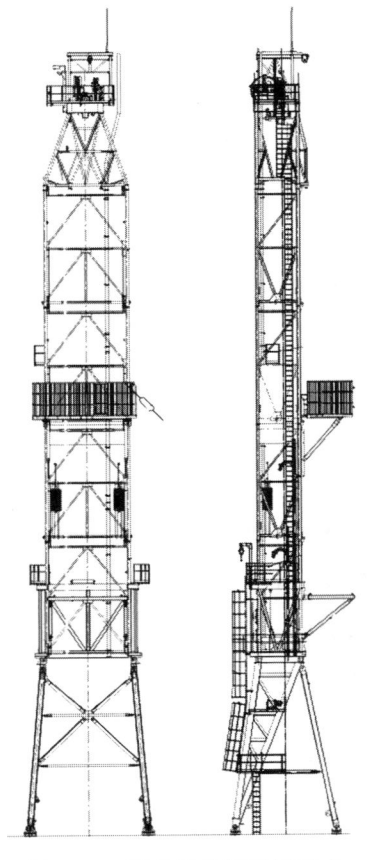

图 7 - 4　修井机井架结构形式

出以下评定：

1）该井架测评钩载为设计最大钩载的 100%，根据第 8 条分级准则，符合 A 级要求，因此评定为 A 级。

2）该井架在役年限为 10 年，根据第 9.2.2 条规定，该井架每 2 年检测评定一次，因此本报告有效期为 2022 年 9 月 30 日至 2024 年 9 月 29 日。

根据钻井设计，最大钩载发生在 H1 井钻 $8\frac{1}{2}''$ 井段下尾管到位上提时，最大钩载为 133t。钻井设计中游车与大钩的重量设为 15t，故本次作业最大管柱重量为 118t。新增顶驱 14t，故大钩悬挂工具串最大重量为 $118 + 14 = 132$t。

GB/T 29549.1—2023《海上石油固定平台模块钻机　第 1 部分：设计》7.2.2.1 规定，修井机的最大钩载 $Q_{钩载}$ 应满足以下公式：

$$Q_{钩载} \geq 1.2 \times F_{管柱} + 500\text{kN}$$

式中，500kN 为考虑钻完井作业过程中可能发生复杂情况的强度储备。

故本次作业所需最大钩载为 $Q_{钩载} \geq 1.2 \times 1320 + 500 = 2084$kN，作业最大钩载小于井架现有最大承载能力（2250kN），满足作业要求。

7.4.2　井架空间校核

现有井架上能否安装顶驱，主要考虑井架高度和井架空间截面尺寸是否满足要求。

（1）井架净空高度校核

井架净空高度应当满足安装顶驱正常钻井作业和安全距离要求：

井架净空高度 ≥ 钻杆接头高度 + 管柱高度 + 顶驱高度 + 安全距离

1）游车高度　　　　　　　　　　　　　　1850mm（实测）

2）顶驱高度（提环下平面到吊卡上平面）　6450mm（实测）

3）立柱高度　　　　　　　　　　　　　　28500mm

4）井架净空高度　　　　　　　　　　　　44000mm

5）吊卡上平面高出钻台面高度　　　　　　1000mm

安全距离 = 44000 - 1850 - 6450 - 28500 - 1000 = 6200mm

由绞车设计文件可知，该井架最大钩速为 1.47m/s。此外，绞车应设紧急刹车装置，滚筒紧急刹车装置制动时间不应超过 1.5s。故顶驱安全间距为 $1.47 \times 1.5 = 2.205m$。天车与游车的防碰距离为 6.2m > 2.205m，故满足安全间距要求。

（2）井架横向空间校核

经现场核实，顶驱与二层台猴台距离为435mm。故井架二层台空间尺寸满足顶驱安装要求。二层台横向空间尺寸示意见图 7 – 5、顶驱示意见图 7 – 6。

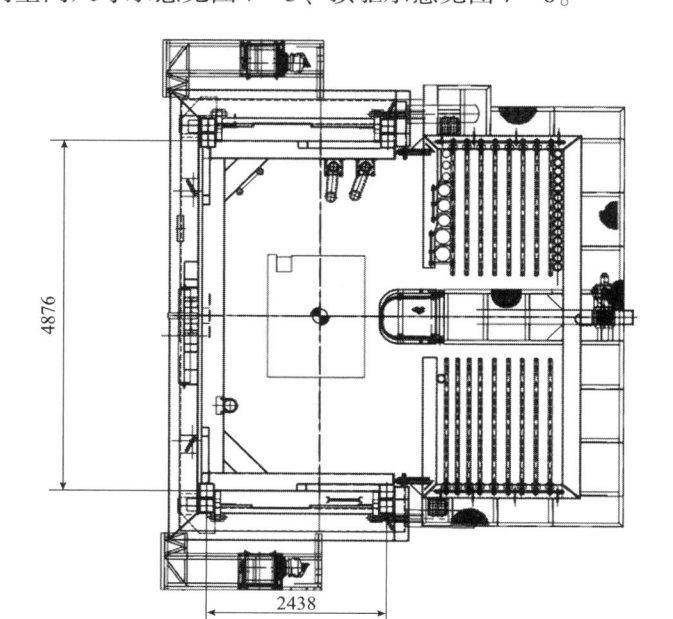

图 7 – 5　二层台横向空间尺寸

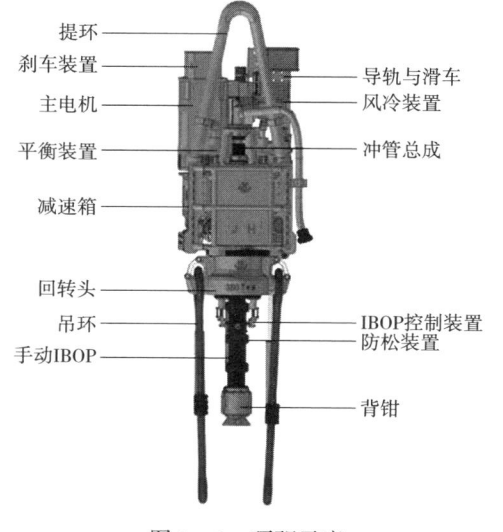

图 7 – 6　顶驱示意

7.4.3 现场检查及功能测试

依据井架隐患排查表，进行现场安全检查及相关功能测试，未发现不符合项。

7.5 本章小结

针对使用海洋石油修井机联合作业支持平台进行调整井钻井作业的具体工况，对钻井作业风险进行了深入分析与评估。结合现场评估检查、现场功能试验、结构强度校核等方式对修井机井架钻井作业进行定性、定量风险评估，分析得出了引起事故发生的高危险因素，并提出了相应的控制措施。结果认为本项目潜在的危险因素是可控的，危险程度是可接受的。作业过程中应严格控制引起事故发生的高危险因素，并采取针对性的管控措施。该评估方法及思路可为类似修井机井架钻井作业深度风险评估提供参考。

8 台风环境下井架安全风险评估

井架作为海洋钻机和修井机最主要的承载结构,服役过程中长期承受复杂的作业载荷及海洋环境载荷双重作用。与陆地石油井架不同,海洋井架作为石油平台高耸钢结构,风载对其不利影响更加明显。特别是近年来,超强台风引发极端风暴频发,使得海洋井架服役环境越趋恶劣。目前大量的研究文献为海洋井架抗台风险评估提供了思路及方法,但在海洋井架抗台风险评估预警工程应用上还少有相关实践。为此,拟通过分析风载作用下井架高风险区,融合井架结构在线监测技术,并建立风载作用下井架安全评级模型对井架现状进行安全风险分级,搭建一套集应力分析、在线监测及安全评价为一体的海洋井架抗台风险评估技术体系,为海洋石油防台提供支持。

8.1 台风灾害概述

近年来,受全球气候变化的影响,我国沿海灾害性海洋风暴次数逐年增多,特别是超强台风的影响增多,据统计,2010—2019 年,影响我国海域的超强台风达 30 余起,严重威胁了海上生产作业和船舶航行安全,不但造成设施设备受损,还引发多起安全事故。2006 年 5 月 18 日,受台风"珍珠"影响,南海胜利号 10 根锚链中的 7 根锚链断裂,导致南海胜利号系泊系统受损。2010 年 9 月 7 日,受台风"玛瑙"影响,中石化胜利油田作业三号平台在渤海湾浅海海域作业过程中发生倾斜,1 名人员死亡,1 名失踪。2019 年对中国海油海上油气田造成影响的台风达 11 次,影响超过 2 万 m^3 的生产量,共计撤离 1.6 万多人次,动用直升机 301 架次,船舶 72 航次,其中超强台风"玲玲"正面袭击了东海西湖作业区 14 座生产平台,造成部分平台钻修机井架倒塌或受损,生产平台部分设备设施也不同程度受损。灾害现场如图 8-1 和图 8-2 所示。

图 8-1 平台井架受损现场情况

 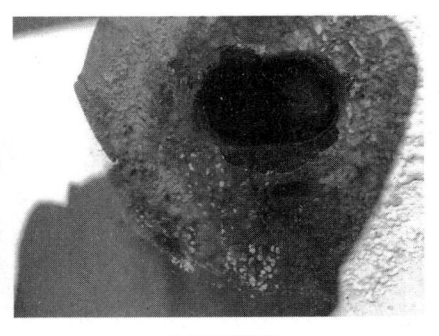

(a)耳板断裂   (b)承载销断裂

图 8-2   井架承载机构处破坏

8.2   风载作用下井架高风险区强度分析

8.2.1   井架整体应力分析

为掌握井架在风载作用下应力分布规律，确定井架高风险区，对井架整体进行风载作用下有限元分析。

8.2.1.1   井架概况

某 L 平台 JJ450/47 型井架是以 H 型钢为主大腿的前开口式无绷绳"K"形自举式井架，额定静钩载 4500kN；工作高度 46.7m；井架抗风能力为：保全设备工况（无立根、无钩载）风速≤63.3m/s；等候天气工况（满立根、无钩载）风速≤47.5m/s。

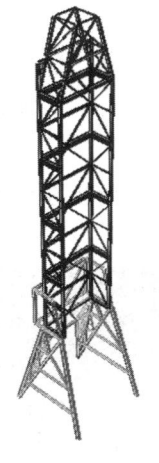

图 8-3   井架三维模型

8.2.1.2   有限元模型建立

根据井架出厂资料及历史检验检测数据，建立井架整体有限元模型。为了减少计算工作量，在进行有限元建模时，结合井架的特点，在满足计算精度的情况下，对井架的实际结构进行简化，建立出接近实际结构的力学模型。

在建立井架模型时作了以下几点假设：一是将井架简化为三维空间钢架结构，其单元为三维空间梁单元；二是将二层台、天车、井架护栏、护梯等附属设备建模时忽略；三是对于井架上下体连接处建立耦合约束，模拟承载机构的连接方式。建立的 L 平台井架三维模型如图 8-3 所示。

8.2.1.3   计算工况

计算载荷依据 API 4F 标准执行。每个井架应根据表 8-1 和表 8-2 的载荷组合设计。按相应的设计规范进行的井架结构设计应满足或超过这些条件。

表 8-1 钻井结构设计载荷

状况	设计载荷条件	自重/%	钩载/%	转盘载荷/%	立根载荷/%	环境载荷
1a	作业	100	100	0	100	100%作业环境
1b	作业	100	TE	100	100	100%作业环境
2	预期	100	TE	100	0	100%预期风暴环境
3a	非预期	100	TE	100	100	100%非预期风暴环境
3b	非预期	100	适用时	适用时	适用时	100%地震
4	起升	100	适用时	适用时	0	100%起升环境
5	运输	100	适用时	适用时	适用时	100%运输环境

表 8-2 修井机桅杆式井架设计载荷

状况	设计载荷条件	自重/%	钩载/%	抽油杆载荷/%	立根载荷/%	环境载荷
1a	作业	100	100	0	0	100%作业环境
1b	作业	100	TBD(待定)	100	0	100%作业环境
1c	作业	100	TBD(待定)	100	100	100%作业环境
2	预期	100	TE	0	0	100%预期风暴环境
3a	非预期	100	TE	100	100	100%非预期风暴环境
3b	非预期	100	适用时	适用时	适用时	100%地震
4	起升	100	适用时	0	0	100%起升环境
5	运输	100	适用时	适用时	适用时	100%运输环境

由表 8-2 可见，API 4F 标准中要求的台风作用下需计算的工况分为两种情况：一种是预期工况，也称保全设备工况（无钩载、无立根）；另一种是非预期工况，也称等候天气工况（无钩载、满立根）。

（1）保全设备工况下井架没有承受大钩载荷，同时也没有立根载荷，因为此时的风载荷过大，为了确保设备装置不被吹毁，这种情况下要求将所有的立根放倒，这样能够有效地降低承受风载荷的面积，确保井架的安全。此时，井架承受的载荷主要有恒定载荷和风载荷两种。

（2）等候天气工况下井架没有承受大钩载荷，但是立根没有放倒，当风停止时，它可以立即进入工作状态。此时，井架主要承受的载荷有恒定载荷、立根载荷以及风载荷三种。

8.2.1.4 应力分析结果

依据标准要求进行风载作用下应力分析，台风条件下应分析两种工况：等候天气工况和保全设备工况，每种工况风载施加方向包括 0°、45°、90°、135°、180°、225°、270°、315°八种情况。0°方向（背向）风载施加示意见图 8-4。

分析结果表明：井架在保全设备工况背向承风时为最不利工况，井架高应力区位于井架上体与井架基座的相连接的承载机构处，应力云图如图8-5所示。

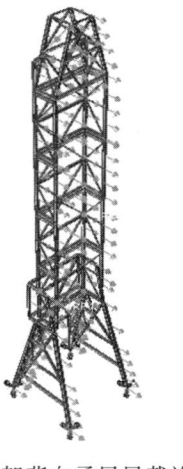 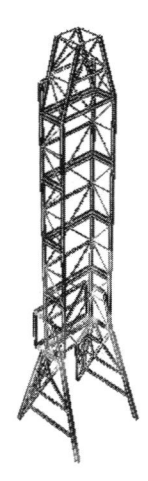

图8-4　井架背向承风风载施加示意　　图8-5　保全设备工况下井架应力云图

8.2.2　高风险区强度校核

为分析承载机构部位在风载作用下的应力变化情况，结合事故案例进行事故反演分析。在某次超强台风作用下造成C平台井架在承载机构处发生断裂并导致井架倾覆，如图8-6所示。事故失效模式与有限元分析结论相吻合，即承载机构处是井架在风载作用下的薄弱部位。

图8-6　C平台井架受损

由于缺少实测风速资料以及井架实际结构性能方面的数据，结合现场情况对井架倒塌过程作了初步分析。井架承受风载后，井架上体和基段安装的承载机构拉脱，承载机构防退安全销被井架下段处耳板剪断，井架脱出。从井架基段上部前倾近60°可知，井架在受背向风载状态下倒塌的同时将井架基段折弯，井架上体完全与井架基段脱离并倒向大门（开口）方向。

L平台井架结构形式（包括承载机构）均与事故C平台井架类似，故参照L平台井架进

行井架倾覆事故反演。承载机构实体如图 8 - 7 所示，承载机构有限元模型如图 8 - 8
所示。

图 8 - 7　L 平台井架承载机构

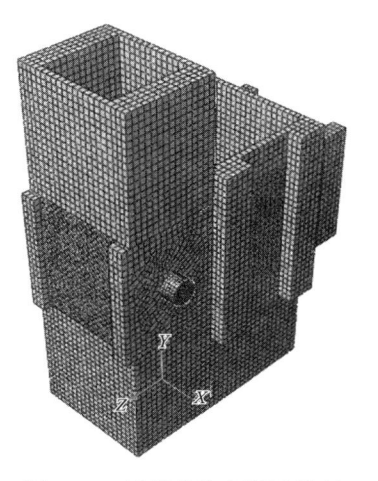

图 8 - 8　承载机构有限元模型

计算时采用极端工况风速 64.7m/s(该井架设计最大风速)进行载荷输入，计算承载机
构处的位移，然后将其位移载荷施加至承载机构局部模型中。应力结果如图 8 - 9 所示。

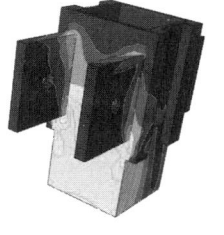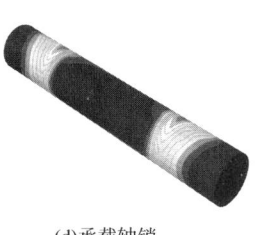

(a)承载机构整体　　　(b)井架主腿　　　(c)承载机构栓板　　　(d)承载轴销

图 8 - 9　井架承载机构各部件应力云图

由事故反演有限元计算结果可知：承载机构轴销及耳板根部有明显的应力集中现象，
在承受非预期载荷时会首先受到破坏，进而导致井架上部结构与井架基段分离并倒塌，可

见反演结果符合事故真实情况。由于在风载作用下产生大的位移，对承载机构轴销以及耳板产生了强大的剪切力，造成轴销或耳板的结构破坏，使得承载机构完全失效，最终导致井架倒塌脱落。有限元分析结果及现场事故案例均提示后续在井架设计时及台风来临前要重点关注承载机构部位。

8.3 台风期井架结构在线监测

为掌握井架在台风作用下的实时状态，收集更多历史监测数据，需要对井架做台风期在线监测。通过监测数据实时获取井架结构响应并及时发现井架隐患，指导台风期间对井架结构进行安全预警及风险管控。

8.3.1 监测方案

监测系统主要由传感器、数据采集系统、电源供电系统、北斗系统、配套设备及监测软件等构成。采集数据传输方式采用传感器→网线→数据采集器防爆箱→工控机(含显示屏)/UPS→北斗传输系统发射端。井架在线监测系统示意如图 8 - 10 所示。

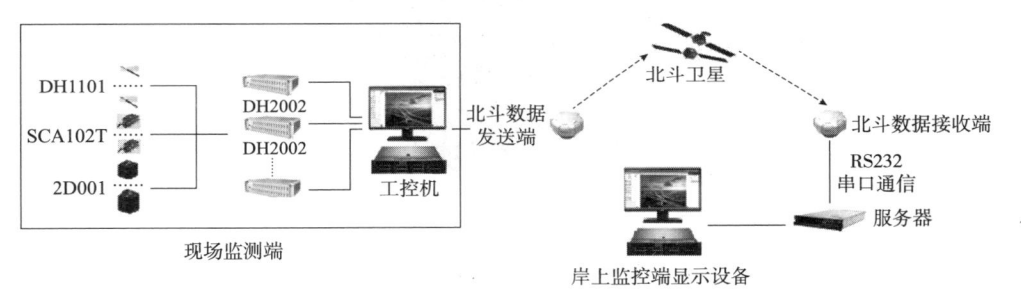

图 8 - 10　井架在线监测系统示意

本次采用 DH2002 集中式低速在线监测系统(图 8 - 11)。该系统应用于测点数量多、测点相对集中、采样速率要求不高的大型结构健康状态在线监测与结构安全评估。具有集中式设计、采用标准以太网通信、原位自检等功能特点。

图 8 - 11　在线监测系统

北斗通信定位单元既能实现北斗 RDSS 短报文通信，也能实现北斗 RNSS/GPS 定位。

通过 RS232 双串口实现北斗短报文通信和 RNSS/GPS 定位功能。北斗 RDSS 满足 4.0 版本数据接口协议；GPS 输出信号满足 NMEA0183V3.01 标准。

8.3.2　传感器选型

（1）应变计

DH1101 焊接式应变计（图 8－12），是一种特殊的电阻应变计，它继承了通用电阻应变计的典型特性，特别适合金属构件的精密应力测量和分析，具有稳定性好、构造简单、电焊安装方便快捷、牢固可靠等特点。

焊接式应变计安装之前，在待安装的钢结构上打磨，打磨完成后清理，清理完成后，使用便携式点焊机将焊接式应变计点焊在被测钢结构上。焊接完成后，使用环氧树脂防锈及防水。如现场环境不满足点焊要求，可使用在常温条件下即可固化的胶黏剂处理。

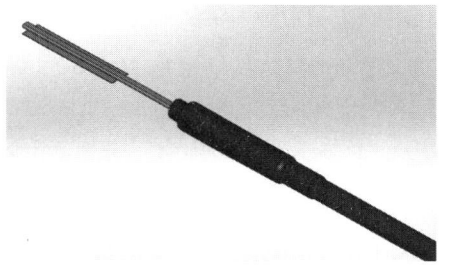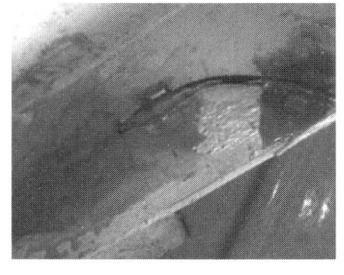

图 8－12　应变计与胶黏安装

（2）倾角传感器

采用 SCA120T 双轴电压输出型倾角传感器（图 8－13），SCA120T 是一款模拟电压输出的双轴倾角传感器，能同时输出两个方向轴的倾斜度，用户只需采集传感器的电压值就可计算出当前物体的倾斜度。内置（MEMS）微型固体摆捶，通过测量静态重力场变化，转换成倾角变化，变化通过电压（0～5V）方式输出。主要用来测量井架结构与水平面的倾斜角度。

图 8－13　倾角传感器

（3）加速度传感器

振动监测采用 2D001 型磁电式速度传感器（图 8-14）。2D001 型磁电式速度传感器采用无源闭环伺服技术，以获得良好的超低频特性。传感器设有加速度、小速度、中速度和大速度四挡。用户可根据需要，选取传感器上微型拨动开关的不同挡位来进行加速度或速度的测量，它主要用于地面和结构物的脉动测量，高柔结构物的超低频大幅度测量和微弱振动测量。

图 8-14　加速度传感器

（4）风速传感器

处于台风区域的结构，宜选择三向超声风速仪。WINDSONIC 超声风速传感器（图 8-15）是一个低成本的风速计，它利用成熟的超声波技术，通过一个串行或两个模拟输出提供风速和方向数据。为确认正确操作，输出与仪器状态代码一起传输。具有坚固、耐腐蚀的聚碳酸酯外壳，这种小型、轻便的风速传感器建议用于恶劣的环境条件，特别适合于海洋和海上（船舶、数据浮标）安装。

图 8-15　风速传感器

（5）水文气象数据采集器

XZY3 型水文气象数据采集器用于长期水文气象参数观测，能够按照 GB/T 14914《海洋观测规范》的规定自动采集、处理、存储和传输潮位、气温、气压、风速、风向、相对湿度、降水量和能见度等数据。其设计充分考虑了我国海洋站的实际情况，具有体积小、质量轻、功耗低、测量准确度高、通信方式灵活、使用方便、集成能力强、工作稳定可靠、交互便捷等技术特点，其设计完全符合我国海洋观测网业务流程。

8.3.3　监测设备安装

8.3.3.1　总体安装要求

（1）在台风期间使用，使用期间平台上无人值守。

（2）风速传感器、倾角传感器、加速度传感器的防爆箱壁厚不小于 3mm，以防止意外踩踏损坏。

（3）主要用电设备为数据采集器、工控机、应变传感器、倾角传感器、加速度传感器、风速传感器、北斗数据传输系统等，要求 24h 开机供电；本系统用电总功率预估为 100W 左右；连续运行时间预估为 7d。

（4）监测数据包括应变、振动、倾角及风速参数；其中计划监测井架主要杆件上、下两个截面的应变，每个截面监测纵向（y 方向）应变。

（5）北斗数据传输系统及风速仪周边不得有遮挡，宜在高处安装。

（6）数据采集器将全部数据实时存储在现场机柜及工控机硬盘中，数据提供本地存储和远程发送，允许定期到现场去取数据，平时以特征值的形式通过卫星（北斗）往外发送数据；同时允许实时传输到陆地的平台；要求北斗通信系统抓取关键点进行数据外部发送。本系统具备幅值报警功能，当监测项目超限后由北斗系统向外发送报警信息。

（7）设备防护等级需达到 IP68；本系统线缆采用船用铠装线缆、阻燃、铠装、双绞线、屏蔽电缆线芯截面积不小于 1.0mm²；现场信号线和传感器布置时需要加装防护装置进行防潮防水处理。

（8）井架在线监测系统不能影响井架的正常使用，同时保证钻修机设备安全运行。

（9）井架在线监测系统各部件及连接件稳固可靠，具备双重防坠落措施；卡箍与横撑之间加装胶皮以防止破坏井架涂层以及双金属腐蚀等。

（10）安装在现场的所有产品、接线箱、接线盒，外壳材质要求全 316L 不锈钢；所有附件、安装螺栓、垫片、螺母，采用 316L（A4 - 70）不锈钢。

（11）现场设备外接地必须安装，接地线采用不低于 4mm² 的黄绿双色软铜线。接地桩采用 6mm 316L 不锈钢螺栓、垫片和螺母。

（12）所有防爆产品需要有国家防爆 3C 认证证书（标注有效期）和出厂合格证（标注生产日期和产品序列号）。所有防爆产品铭牌上需标注防爆等级、防爆合格证号、出厂日期、出厂序号、产品型号。

（13）填料函要求材质为 316L，采用三段式、双密封填料函，不得采用填料式。

（14）所有填料函接线后全部采用热缩处理，热缩防护的长度至少为填料函长度的 2.5 倍。

（15）电缆必须和填料函匹配，不得采用防爆胶泥封堵不合适的电缆和填料函。

（16）所有电缆配备电缆标牌。

（17）所有电缆采用不锈钢绑扎带进行绑扎。

（18）电缆铺设过程中，可以沿用原走线马脚和线槽，无法利用的必须重新焊接马脚和布置线槽，严禁直接绑扎在栏杆、护栏、梯子等结构上。

（19）采集数据传输方式采用井架应变传感器/风速倾角加速度传感器防爆箱→网线→数据采集器防爆箱→工控机（含显示屏）/UPS→北斗传输系统发射端。

（20）电仪相关设备符合相关要求。

8.3.3.2 传感器布置

传感器布设方案要充分结合相关标准、井架历史失效数据、井架应力分析结果及现场调研情况综合考虑。最终确定井架布置 32 个应变传感器（8 个安装部位，每个部位 4 个点）、4 个倾角传感器，布置方案如图 8−16 所示。其中下截面距钻台面 17m，上截面距钻台面 31m。

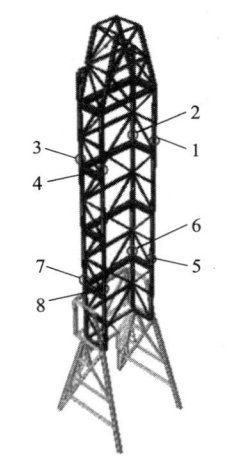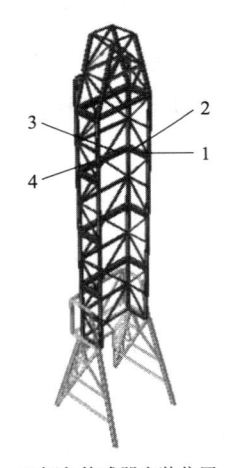

（a）应变传感器安装位置　　　　　（b）倾角传感器安装位置

图 8−16　井架在线监测传感器布置示意

8.3.3.3 传感器安装

（1）应变传感器要求绑扎牢固；上截面安装位置处于井架二层台截面上方约 6m 的井架主立柱距边缘 5mm 处；下截面安装位置处于井架下端爬梯平台平面的截面上方约 2m 的井架主立柱距边缘 5mm 处，如图 8−17（a）所示。

（2）倾角传感器的防爆箱安装位置处于井架二层台截面上方的横撑 H 钢凹槽处，注意夹具要避开井架照明灯，如图 8−17（b）所示。

（3）北斗传输系统和风速传感器安装位置处于钻修机仪表间房顶角落栏杆合适位置，不影响钻井作业，要求周边不得有遮挡，宜在高处安装，如图 8−17（c）所示。

（4）数据采集器防爆箱安装位置处于钻修机配电间与仪表间之间外墙面；工控机（含显示屏）、UPS 安装位置处于钻修机仪表间门口处空置位置，制作升高支架避开原有电源插座及除湿机，工控机及 UPS（含显示屏）沿高低方向分层叠放，如图 8-17（d）所示。

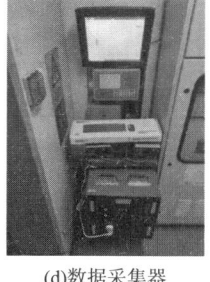

(a)应变传感器　　　　(b)倾角传感器　　　　(c)北斗及风速传感器　　　(d)数据采集器

图 8-17　井架在线监测传感器安装图

8.3.4　系统配置调试

连接好数据线后，对采集仪进行配置，设置北斗参数，完成陆地数据采集和传输。系统配置调试如图 8-18 所示。

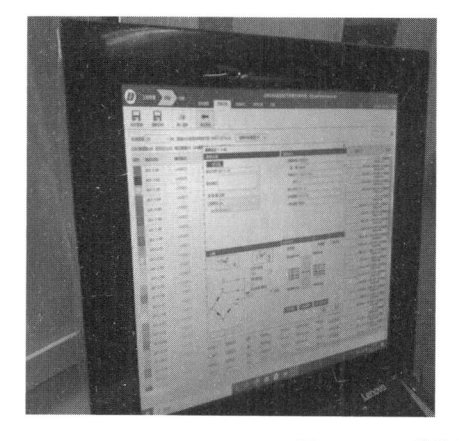

图 8-18　系统配置调试

8.3.5　监测数据分析

在监测期间，实时获取井架 32 个应变传感器数据和 L 平台的气象数据。

根据气象监测数据，选取风速较大的 2023 年 11 月 3 日全天数据和 2023 年 11 月 4 日截至下午 4 点的数据，数据每隔 300s 完成一次传输，所获取的数据为井架不同位置的应变数据。为了更直观地看出应变值的变化，制作了井架应变变化图，如图 8-19 所示。

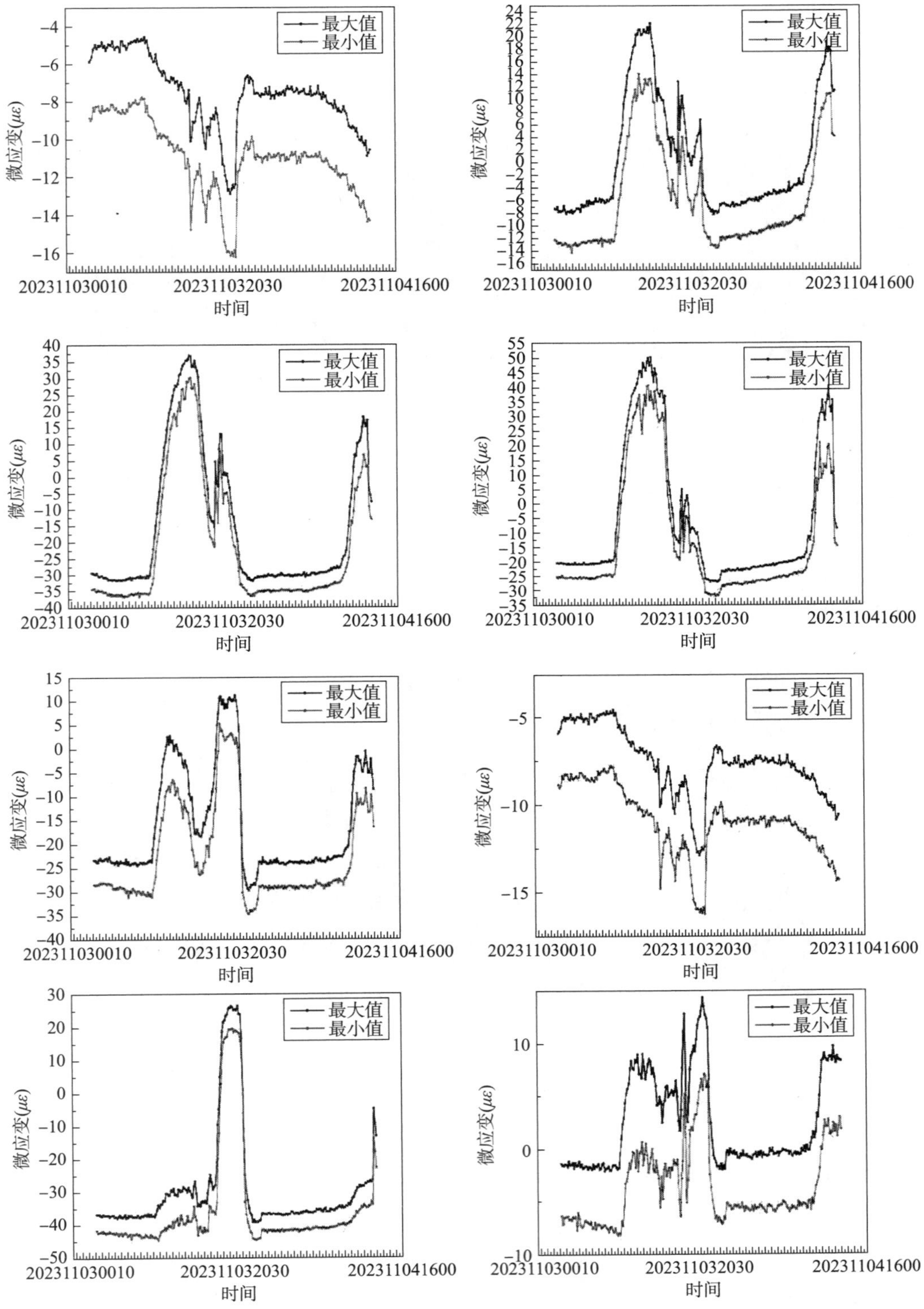

图 8-19　L平台井架应变变化

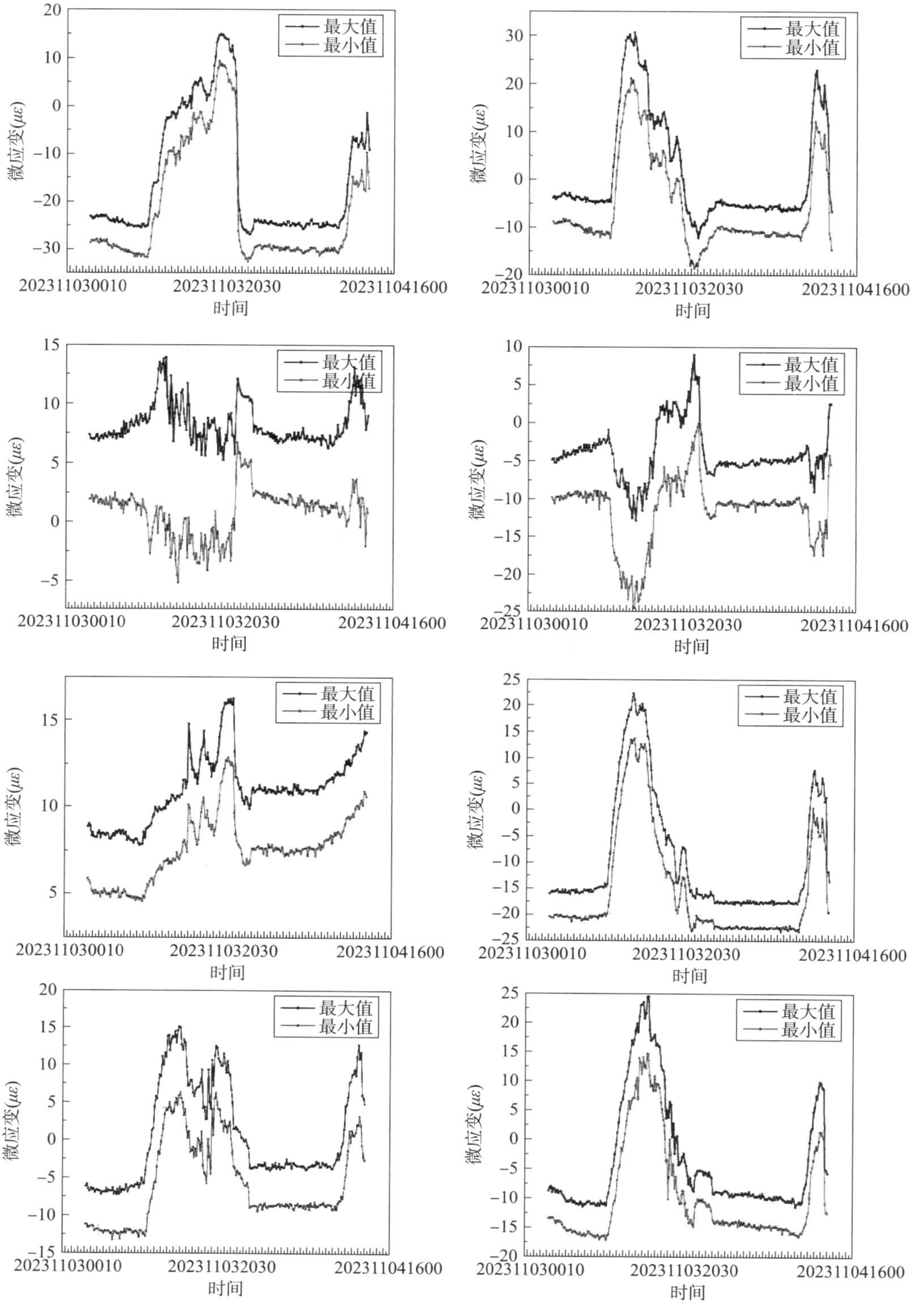

图 8-19 L 平台井架应变变化(续)

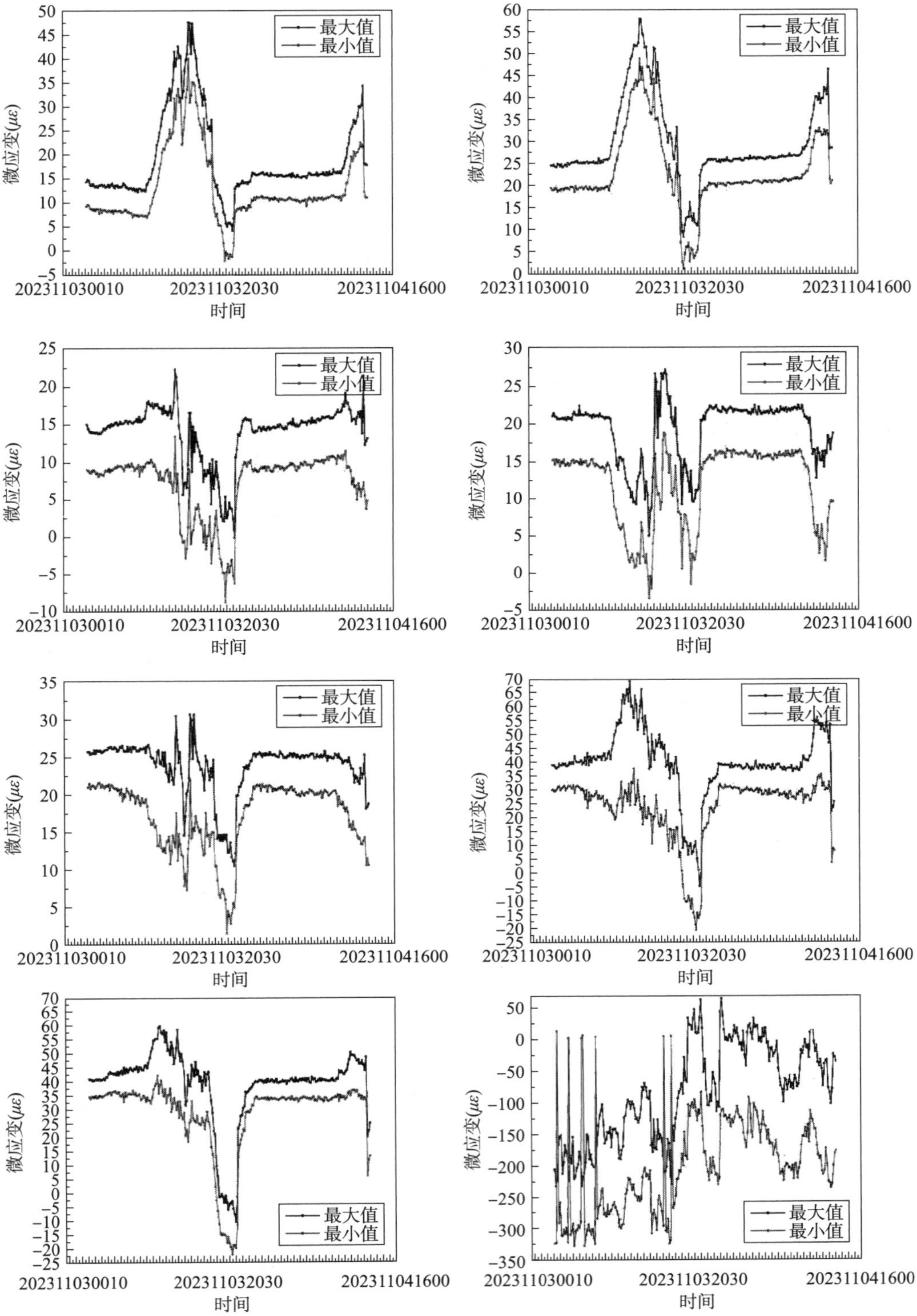

图 8－19　L 平台井架应变变化(续)

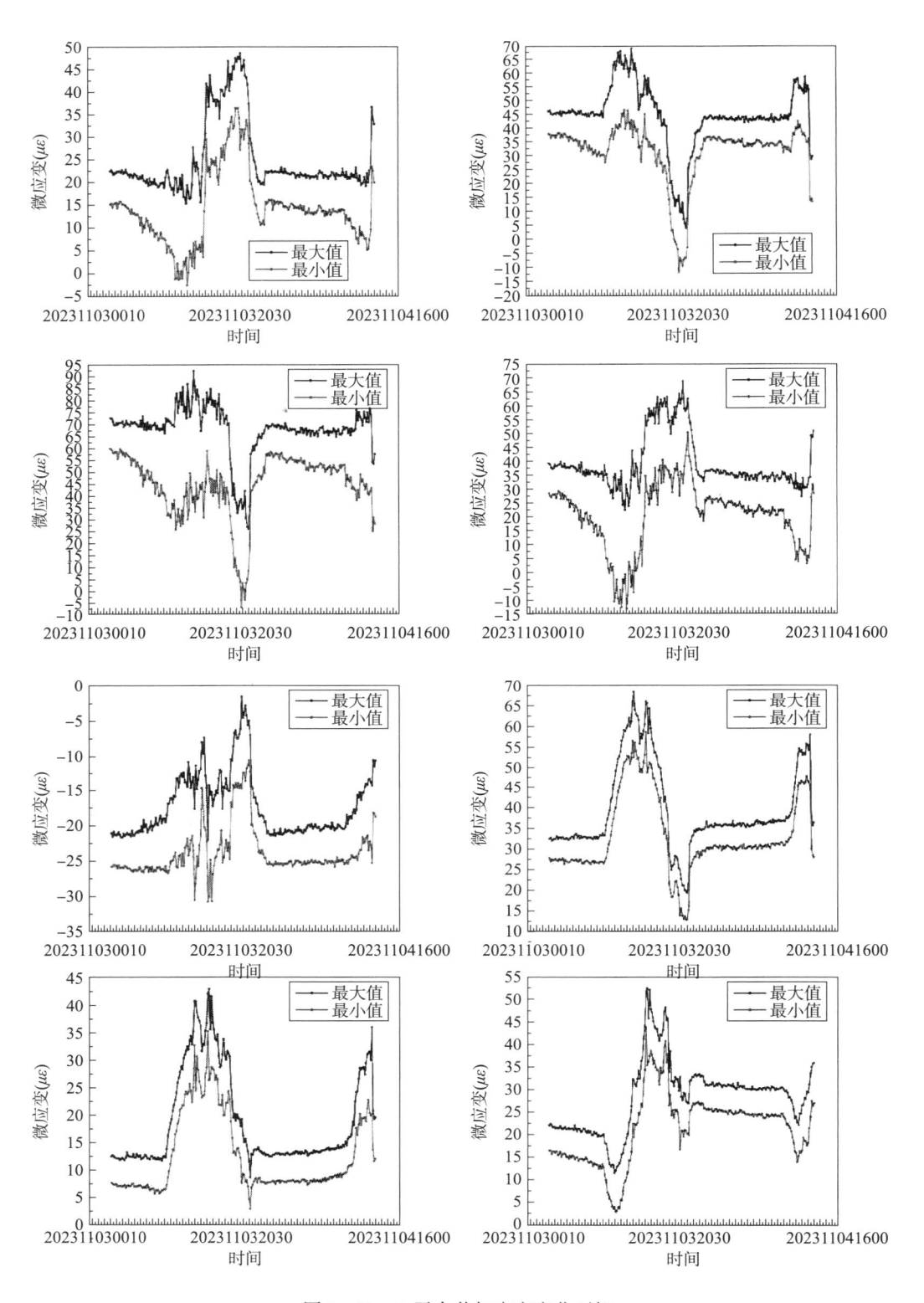

图 8 - 19　L 平台井架应变变化(续)

选取各个应变传感器输出的应变最大值和最小值，计算得出应力值见表8-3。

表8-3 各应变传感器采集应力值

位置	最大微应变($\mu\varepsilon$)	最大应力/MPa	最小微应变($\mu\varepsilon$)	最小应力/MPa
传感器1	-16.22	3.34	-4.55	0.937
传感器2	22.10	4.55	-0.02	0.004
传感器3	-36.99	7.62	-0.02	0.004
传感器4	50.41	10.38	0.03	0.006
传感器5	-34.57	7.12	0.07	0.014
传感器6	-16.22	3.34	-4.55	0.937
传感器7	-44.63	9.19	1.34	0.276
传感器8	14.4	2.97	0	0.000
传感器9	-32.62	6.72	0.01	0.002
传感器10	30.75	6.33	-0.04	0.008
传感器11	13.94	2.87	0	0.000
传感器12	-24.49	5.04	-0.03	0.006
传感器13	16.22	3.34	4.55	0.937
传感器14	23.33	4.81	0.20	0.041
传感器15	15.10	3.11	-0.02	0.004
传感器16	24.52	5.05	0.06	0.012
传感器17	47.58	9.80	-0.27	0.056
传感器18	58.03	11.95	1.20	0.247
传感器19	23.34	4.81	-0.05	0.010
传感器20	27.21	5.61	-0.43	0.089
传感器21	30.71	6.33	1.52	0.313
传感器22	69.24	14.26	-0.24	0.049
传感器23	59.76	12.31	-0.46	0.095
传感器24	327.44	67.45	0.26	0.054
传感器25	48.68	10.03	0.33	0.068
传感器26	68.81	14.17	-0.13	0.027
传感器27	92.51	19.06	0.90	0.185
传感器28	68.93	14.20	-0.18	0.037
传感器29	-30.71	6.33	-1.51	0.311
传感器30	68.50	14.11	12.88	2.653
传感器31	43.05	8.87	3.11	0.641
传感器32	52.51	10.82	3.06	0.630

注：-号表示压缩。

监测期间最大应变为 327.44 微应变，该钢材弹性模量为 206GPa，故最大应力为 67.45 MPa，井架安全系数为 5.12，大于标准规定安全系数 1.67，因此该井架结构满足强度要求。此外，结合风速及应变监测数据可知，当风速变大，结构应变也随之变大。

8.4 台风作用下井架安全风险评级

8.4.1 建立评价模型

结合标准、工程经验及管理要求建立台风作用下井架安全等级评级指标体系，模型指标体系分为两个层级。详见表 8 - 4。

表 8 - 4 台风作用下井架安全等级评价指标

一级指标	井架结构承载性能		井架结构完好性		井架历史服役情况			
二级指标	考虑服役年限导致结构变化后依据软件计算分析的现有抵抗台风能力	依据应力测试得出的现有井架承载能力	目前结构损伤情况	目前腐蚀锈蚀情况	服役期间累计遭遇台风次数	服役期间累计作业量	服役期间累计搬迁次数	服役期间累计修理次数
说明	依据考虑结构构件截面壁厚减薄及损伤后进行的现有抗风能力分析	依据第三方出具的应力测试报告结果	依据最新年检报告及现场检查情况	依据最新年检报告及现场检查情况	依据台风监测数据推算	依据年作业时间/吨公里等统计推算	通过维保记录获取	通过维保记录获取

8.4.2 建立评语集

本次将评价对象井架安全等级分为 A、B、C、D 四个级别，建立评语集 V =（较低风险，一般风险，较大风险，重大风险），并对其赋值为：V =（4，3，2，1）。

8.4.3 指标权重计算

结合历史数据建立模糊综合评价模型，并采用"1 - 9 标度法"邀请相关领域专家对台风作用下海洋井架安全性能影响因素进行权重赋值。为确保赋值的客观性及全面性，确定专家人选时充分考虑了专家的擅长领域及专家人数。最终从钻修机使用单位、钻修机设计及生产厂家，第三方检验咨询机构以及钻修机维保单位等领域选定了共计 12 位专家。专家打分确定的最终台风作用下井架安全性能影响指标权重见表 8 - 5。

表 8 - 5　台风作用下井架安全性能影响指标权重

一级指标	二级指标	平均综合权重
井架结构承载性能	依据仿真计算分析的现有抵抗台风能力	0.4226
	依据应力测试得出的现有井架承载能力	0.2377
井架结构完好性	目前结构损伤情况	0.1458
	目前腐蚀锈蚀情况	0.0608
井架历史服役情况	服役期间累计遭遇台风次数	0.0667
	服役期间累计作业量	0.0331
	服役期间累计搬迁次数	0.0123
	服役期间累计维修次数	0.0210

8.4.4　评价隶属度矩阵确定

本次在建立隶属度矩阵时充分参照相关的标准条目量化确定，使得分级结果更加客观。

（1）结构承载性能分级依据

依据 SY/T 6326—2019 中 8.1 的规定，井架现有承载能力分为四级。井架抗风能力同样体现为结构整体的承载性能，故分级指标的确定可参照应力测试分级。井架结构承载性能分级准则见表 8 - 6。

表 8 - 6　井架结构承载性能分级准则

一级指标	井架结构承载性能	
二级指标	考虑服役年限导致结构变化后依据软件计算分析的现有抵抗台风能力	依据应力测试得出的现有井架承载能力
较低风险	实际风力＜现有抗风能力 70%	测评钩载≥设计最大钩载的 95%
一般风险	现有抗风能力 70%≤实际风力＜现有抗风能力 85%	设计最大钩载的 85%≤测评钩载＜设计最大钩载的 95%
较大风险	现有抗风能力 85%≤实际风力＜现有抗风能力 95%	设计最大钩载的 70%≤测评钩载＜设计最大钩载的 85%
重大风险	实际风力≥现有抗风能力 95%	测评钩载＜设计最大钩载的 70%

（2）结构完好性分级依据

损伤情况依据标准 SY/T 6408—2018《石油天然气钻采设备　钻井和修井井架、底座的检查、维护、修理与使用》中 6.2 的规定，对钻修机结构检查期间发现的损坏定义为"严重""中等"和"轻微"三类；腐蚀锈蚀情况可结合标准 GB 51008—2016《高耸与复杂钢结构检测与鉴定标准》。综合确定井架结构完好性分级准则见表 8 - 7。

表8-7 井架结构完好性分级准则

一级指标	井架结构完好性	
二级指标	目前结构损伤情况	目前腐蚀锈蚀情况
较低风险	无任何破损	防腐涂层面层和底层均完好，钢材表面无腐蚀
一般风险	辅助设备的损坏或变形，如梯子、二层台、人行通道、大钳悬挂器等	防腐涂层局部脱落，面积不超过5%，底层基本完好，钢材表面无锈蚀或仅有少量点状锈蚀
较大风险	非主承载部件的损坏或变形	防腐涂层脱落和鼓包面积超过5%，钢材表面呈麻面状锈蚀，大范围锈蚀深度不超过板件厚度5%
重大风险	主承载件发现明显的几何变形或结构损坏，包括起升总成、大腿、铰接点和天车	腐蚀涂层大面积脱落损害，钢材锈蚀严重，平均锈蚀深度超过板件厚度5%

（3）井架历史服役情况分级依据

由于井架历史服役情况4个指标记录并不十分完善，不能获得十分精确的数据，故对4个指标的数据进行大数据统计，依据工程经验进行了分级标准的确定，井架历史服役情况分级准则见表8-8。

表8-8 井架历史服役情况分级准则

一级指标	井架历史服役情况			
二级指标	服役期间累计遭遇台风次数/次	服役期间年累计作业量/吨×公里	服役期间累计搬迁次数/次	服役期间累计修理次数/次
较低风险	[0, 8]	(0, 30000]	0	0
一般风险	[9, 16]	(30000, 60000]	[1, 3]	[1, 2]
较大风险	[17, 24]	(60000, 100000]	[4, 6]	[3, 4]
重大风险	≥25	>100000	≥7	≥5

8.4.5 安全等级分级计算

结合海上油气田防台辅助支持系统，获取台风预警信息。以2023年第14号台风"小犬"台风为例，该台风生成后朝西北方向移动并逐渐增强，于10月2日夜间与10月4日夜间两次加强为超强台风等级。10月4日进入南海东部油气田最外层警戒线区域，风力强度达15级，并于4日夜间在兰屿站测得最大风速95m/s，打破中国实测最强阵风纪录。台风"小犬"进入南海后移动速度减缓，移动方向由偏西转为西偏南，但强度未明显减弱，于10月6日再次加强为强台风级并进入南海东部油气田红色警戒区域内，最大风力48m/s，给南海东部和西部油气田平台带来较大影响。台风"小犬"移动趋势图见图8-20。

根据台风预报数据，L平台所在区域未来所受最大风力48m/s。收集获取L平台井架相关服役情况并分析，将L平台海洋井架进行安全等级量化分级见表8-9。

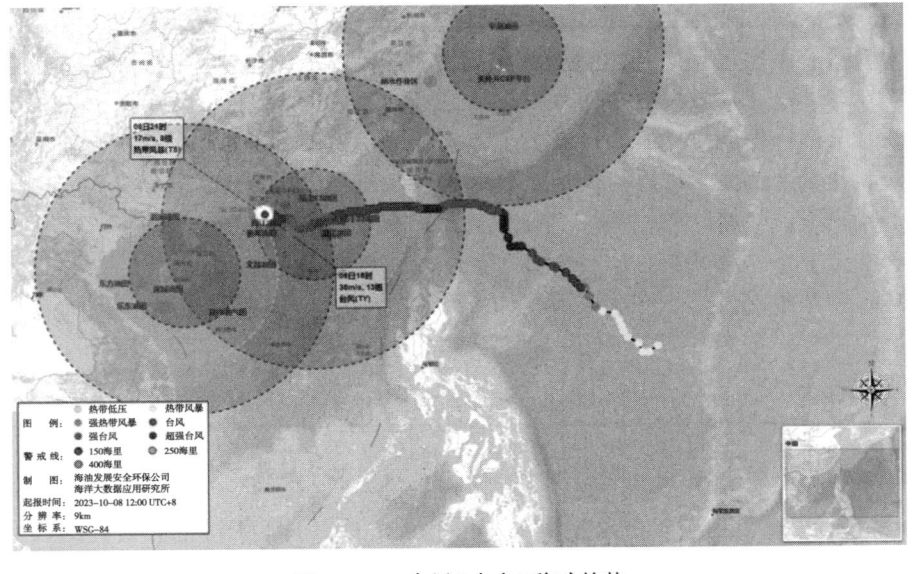

图 8-20　台风"小犬"移动趋势

表 8-9　台风作用下井架安全等级评定

一级指标	二级指标	权重	风险等级	评价等级
井架结构承载性能	依据仿真计算分析的现有抵抗台风能力	0.4226	A	4
	依据应力测试得出的现有井架承载能力	0.2377	B	3
井架结构完好性	目前结构损伤情况	0.1458	B	3
	目前腐蚀锈蚀情况	0.0608	C	2
井架历史服役情况	服役期间累计遭遇台风次数	0.0667	D	1
	服役期间累计作业量	0.0331	C	2
	服役期间累计搬迁次数	0.0123	A	4
	服役期间累计维修次数	0.0210	C	2

通过对防台风险等级的划分，即得到各指标对应于评语集的隶属度，从而得到了该平台井架防台风险单因素评价矩阵：

$$R = \begin{bmatrix} 1 & 0 & 0 & 0 \\ 0 & 1 & 0 & 0 \\ 0 & 1 & 0 & 0 \\ 0 & 0 & 1 & 0 \\ 0 & 0 & 0 & 1 \\ 0 & 0 & 1 & 0 \\ 1 & 0 & 0 & 0 \\ 0 & 0 & 1 & 0 \end{bmatrix} \qquad (8-1)$$

防台风险评语定量化见表 8 – 10。

表 8 – 10 井架防台风险定量化评语集

因素集合	评语集定量化			
	4	3	2	1
考虑服役年限导致结构变化后依据软件计算分析的现有抵抗台风能力	1	0	0	0
依据应力测试得出的现有井架承载能力	0	1	0	0
目前结构损伤情况	0	1	0	0
目前腐蚀锈蚀情况	0	0	1	0
服役期间累计遭遇台风次数	0	0	0	1
服役期间累计作业量	0	0	1	0
服役期间累计搬迁次数	1	0	0	0
服役期间累计维修次数	0	0	1	0

计算评价结果，评估向量 $\boldsymbol{B}$ 为：

$$\boldsymbol{B} = A \times R = \begin{bmatrix} 0.4226 \\ 0.2377 \\ 0.1458 \\ 0.0608 \\ 0.0667 \\ 0.0331 \\ 0.0123 \\ 0.0210 \end{bmatrix}^{T} \begin{bmatrix} 1 & 0 & 0 & 0 \\ 0 & 1 & 0 & 0 \\ 0 & 1 & 0 & 0 \\ 0 & 0 & 1 & 0 \\ 0 & 0 & 0 & 1 \\ 0 & 0 & 1 & 0 \\ 1 & 0 & 0 & 0 \\ 0 & 0 & 1 & 0 \end{bmatrix} = \begin{bmatrix} 0.4389 & 0.3835 & 0.1149 & 0.0667 \end{bmatrix} \qquad (8-2)$$

综合评估结果为评估向量 $\boldsymbol{B}$ 与安全等级赋值 V 的乘积：

$$D = \boldsymbol{B} \times V = \begin{bmatrix} 0.4389 & 0.3835 & 0.1149 & 0.0667 \end{bmatrix} \times \begin{bmatrix} 4 \\ 3 \\ 2 \\ 1 \end{bmatrix} = 3.2026 \qquad (8-3)$$

综合评价结果为 3.2026，属于 (2.5，3.5) 的范围，相应评估结果为 "3"。因此 L 平台井架防台风险等级为 B，防台风险评估结果为 "一般风险"。

为了有效管控台风作用下井架安全风险，提出如下针对性技术措施：1）台风来临前依据井架评级及预警信息，对影响井架整体稳定性的关键部位进行检查并修复，确保其处于良好的状态；井架结构高应力区做好检验检测工作 (尤其是承载机构)，确保台风期间无结构缺陷；对现场设备固定绑扎，提高结构抗风稳定性，减小由风载荷引起的振动振幅。2）台风过境后除了对井架关键部位进行检验检测，还需要整体评估结构安全性能，对有损伤处征询设备厂家进行维修升级，提出修复加强措施，满足后续使用要求。

8.5 本章小结

本章采用有限元分析方法研究风载作用下井架高风险区，结合在线监测技术采集井架在台风期的结构响应数据，并建立风载作用下井架安全评级模型对井架现状进行量化风险分级。应用结果表明：井架在风载作用下高风险区域处在结构不同分体的连接处，尤其是承载机构部位；井架在线监测设备可实现在台风期持续平稳运行，监测数据可为井架安全状态监测预警提供参考；井架安全风险评级模型可在充分结合井架实际服役状况及台风预警数据的前提下实现井架量化安全风险评级。该技术方法可实现实时监控台风期井架状态，有效指导台风期井架安全风险预警及分级管控。

9 井架数字化安全管控技术

9.1 井架数字化管理背景

在井架的全生命周期中，结构将产生大量的数据信息，从各阶段的构件内力、位移等力学数据到影响结构性能的风速、温度等外部环境数据。传统的数据信息存储管理主要依赖于纸质文件，信息传递的及时性、准确性都受到一定限制。如若这些信息不能有效地记录保存，将会造成大量数据丢失，影响井架后期在运营维护阶段的各项预判决策。目前，在海洋井架安全运维实施过程中，大量维保检验相关数据零散未能实时更新及融合，安全运维数字化、智能化、可视化程度低。因此需要开发一套数字化、智能化的井架安全管控平台来提升数据管理水平与决策效率，确保井架结构的安全性。

9.2 安全管控平台设计

井架安全管控平台至少包括以下 4 个基础模块：可视化管理模块、数据管理模块、风险管理模块和文档管理模块，详见图 9 - 1。

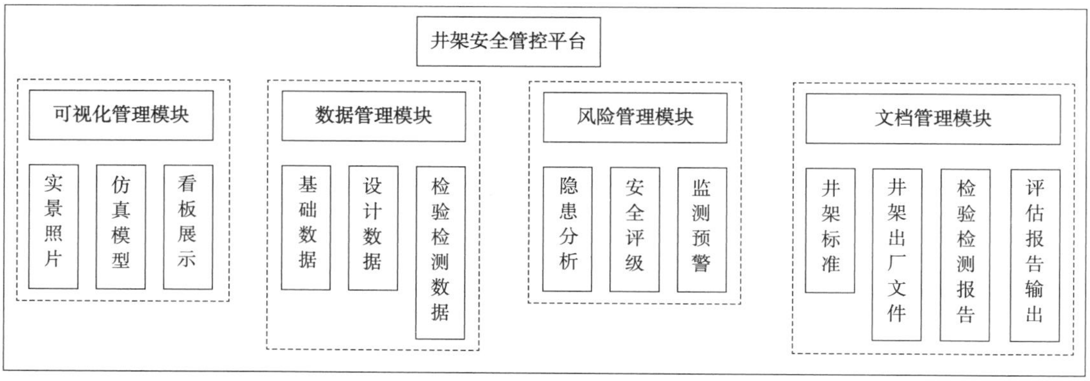

图 9 - 1 井架安全管控平台模块设计

目前，已建成典型设备设施防台风风险评估系统（图 9 - 2）包含上述部分模块。在该系统的基础上进行了完善开发，形成井架数字化安全管控系统。

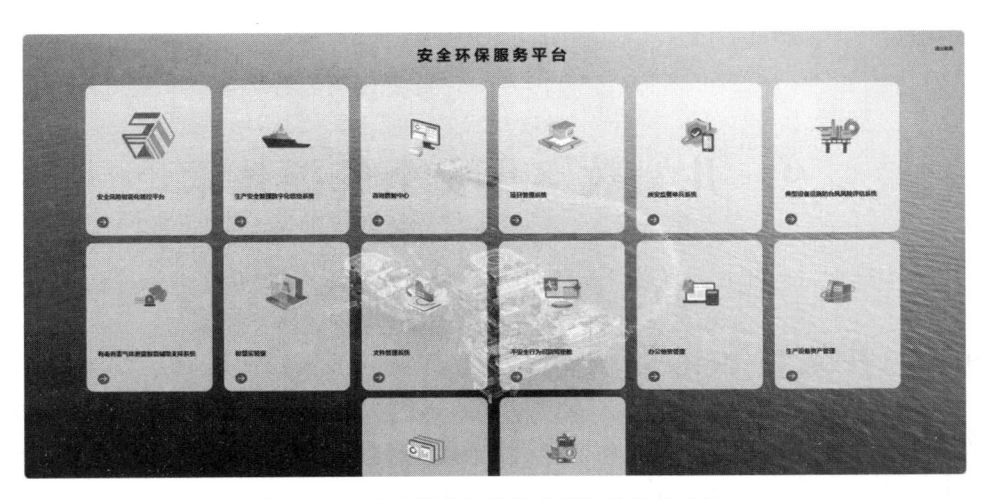

图 9-2　典型设备设施防台风风险评估系统

9.3　功能介绍

9.3.1　系统登录

进入典型设备设施防台风风险评估系统，可以看到整个中国海域地图，地图上展示所有平台位置坐标。渤海区域井架分布界面如图 9-3 所示。

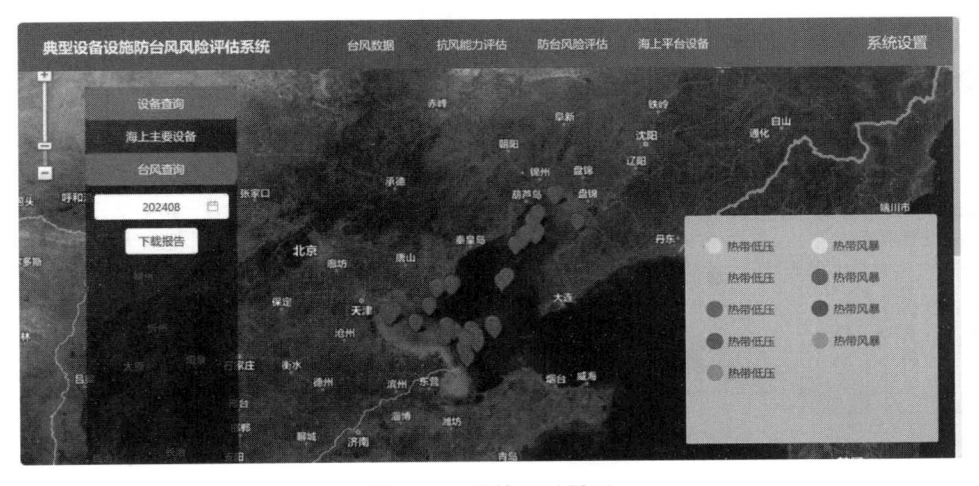

图 9-3　系统登录界面

9.3.2　井架数据库

海洋井架数据库是井架安全管控系统核心及基础部分，旨在记录和管理井架的相关信息，并提供查询功能。

9.3.2.1 数据库建设

井架数据库建设是指在系统中建立和管理数据的过程。数据库建设起着重要的作用，用于存储、组织和管理与井架相关的数据。合理设计和有效管理数据库能够支持系统的各项功能，并提供准确、可靠的数据支持，从而为井架安全风险评估和决策提供有力支持。以下是数据库建设的几个关键方面：

（1）数据库设计：根据系统需求和功能要求，进行数据库的设计。包括确定井架数据表的结构、字段和关系，建立适当的索引和约束，确保数据库的高效性和一致性。

（2）数据采集与导入：收集、整理和导入与井架风险评价相关的数据。这可能包括设备结构参数、承风能力数据、历史灾害记录等。确保数据的准确性和完整性，并进行合理的数据清洗和预处理。

（3）数据存储与管理：建立适当的数据存储结构和表格，将数据按照规范进行存储和管理。使用适当的数据库管理系统（如 MySQL、Oracle 等），确保数据的安全性、可靠性和可访问性。

（4）数据查询与分析：设计和实现查询接口和分析功能，以支持用户对数据库中的数据进行检索、分析和可视化。这样可以方便用户根据需求获取所需数据，并进行进一步的数据分析和决策支持。

（5）数据备份与恢复：建立定期的数据备份和恢复策略，确保数据库的数据在意外情况下能够进行恢复。采用合适的备份方法和存储介质，保障数据的安全性和可恢复性。

（6）数据权限与安全：设置适当的数据权限和访问控制，保护数据库中的数据不被未授权的用户访问和修改。采用加密和身份验证等安全措施，防止数据泄露和损坏。

9.3.2.2 数据库访问

通过海洋井架基础数据库，用户可以方便地查询井架相关信息，如图 9-4 所示。这有助于井架在役期间使用管理、安全维护和风险评估。

（1）数据录入和管理：数据库会收集、整理和录入井架的相关数据，包括井架类型、所属平台、位置、出产日期等信息。这些数据可以通过现场调查、设备制造商、相关部门等渠道获得。

（2）井架位置查询：用户可以通过数据库查询功能，根据井架类型、平台名称或其他关键词，查询井架在平台的分布和位置。查询结果将以列表或地图的形式展示，方便用户查看井架信息。

（3）井架出厂日期查询：用户可以根据井架类型或其他关键词，查询井架的出厂日期。查询结果将提供井架的具体出厂日期和相关信息，帮助用户了解井架的使用年限和技术状况。

（4）井架设计承风能力查询：用户可以根据井架类型、平台名称或其他关键词，查询井架设计承风能力。查询井架将提供井架在不同工况下的抗风设计标准、最大允许风速等信息，帮助用户了解井架在台风等极端天气条件下的安全性。

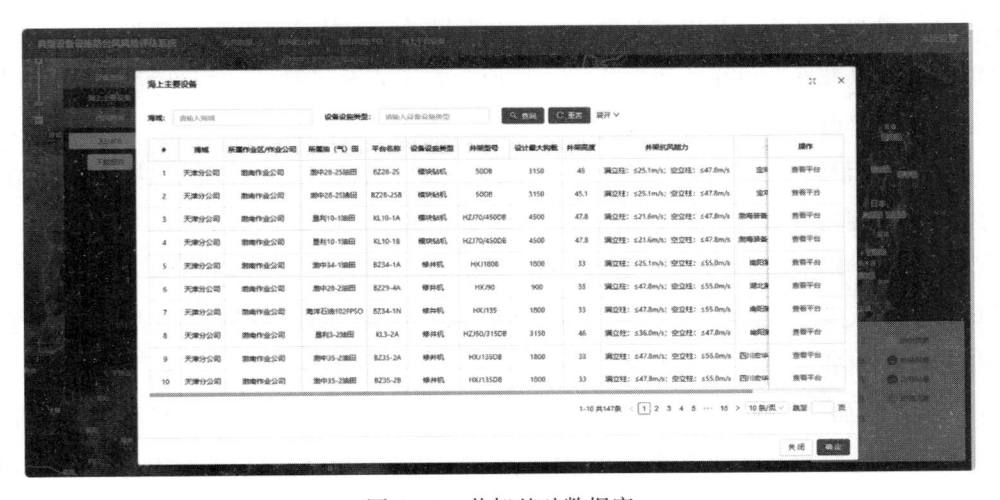

图9-4　井架基础数据库

（5）数据统计和报告生成：数据库可以提供数据统计和报告生成功能，根据用户的需求生成井架的分布图、出厂日期统计、承风能力分析等报告。这有助于对海上井架的整体情况进行分析和评估。

9.3.3　井架关键信息查看

点击查看平台，可查看具体井架参数，包括井架现场实体照片及井架应力云图，如图9-5所示。井架应力云图均为依据最新检测数据修正后的受力图，可以较准确地体现井架目前的受力特征。图9-6所示为多种典型井架结构高风险区域划分。

图9-5　井架关键信息

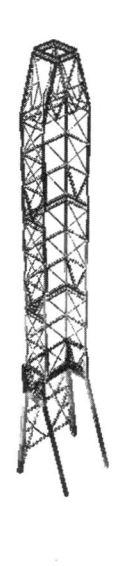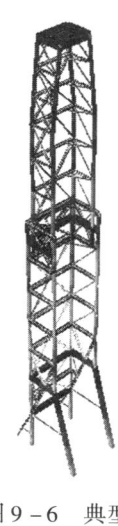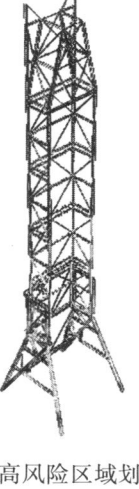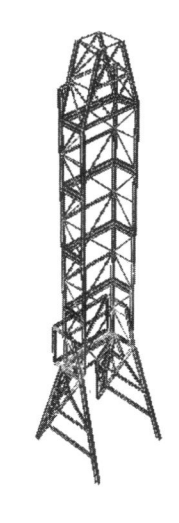

图 9 – 6　典型井架结构高风险区域划分

9.3.4　风险评估

井架风险评估主要根据层次分析及模糊综合评价的安全评价理论(详见 6.1 节)，结合井架现有实际技术参数，自动评估井架现有风险等级。点击"风险评估"按钮，打开对话框，选择应对设备及参数，进行安全评价。

(1)数据收集与输入：用户可以收集并输入数据，也可后台自动调取井架相关的数据，包括设备属性、环境条件、作业特点等信息。这些数据将作为风险评估的依据。

(2)风险因素识别：系统将识别与井架相关的潜在风险因素。包括台风、海况、作业条件、可靠性等因素。

(3)风险评估模型建立：系统将基于识别的风险因素建立相应的风险评估模型。这可能涉及概率分析、风险指标计算、事件树或故障树分析等方法。

(4)风险计算与评估：系统将根据建立的风险评估模型，对井架的风险进行计算和评估。

(5)结果分析与展示：计算完成后，系统将提供风险评估的结果。这可以用图表、报告或可视化方式展示，帮助用户理解和分析风险情况，识别关键风险区域和环节。将风险等级分为 4 级：较低风险、一般风险、较大风险、重大风险。将四类风险针对不同井架类型绘制四色风险图(图 9 – 7)，并在系统中实时展示。

(6)风险管理建议：系统可以根据评估结果提供风险管理建议。包括风险控制措施、改进建议、应急预案等，以降低风险发生的可能性和影响。

系统可自动调取后台设备设施数据，自动计算评估结果，并且记录每一次的评估结果。风险评估界面见图 9 – 8。

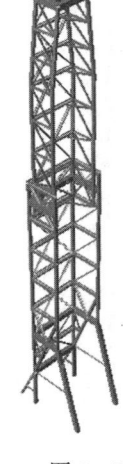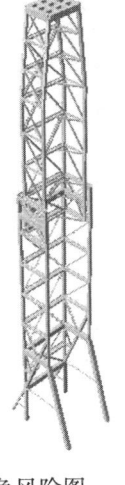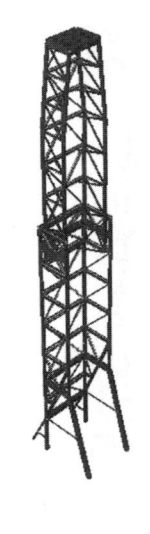

图 9-7　井架四色风险图

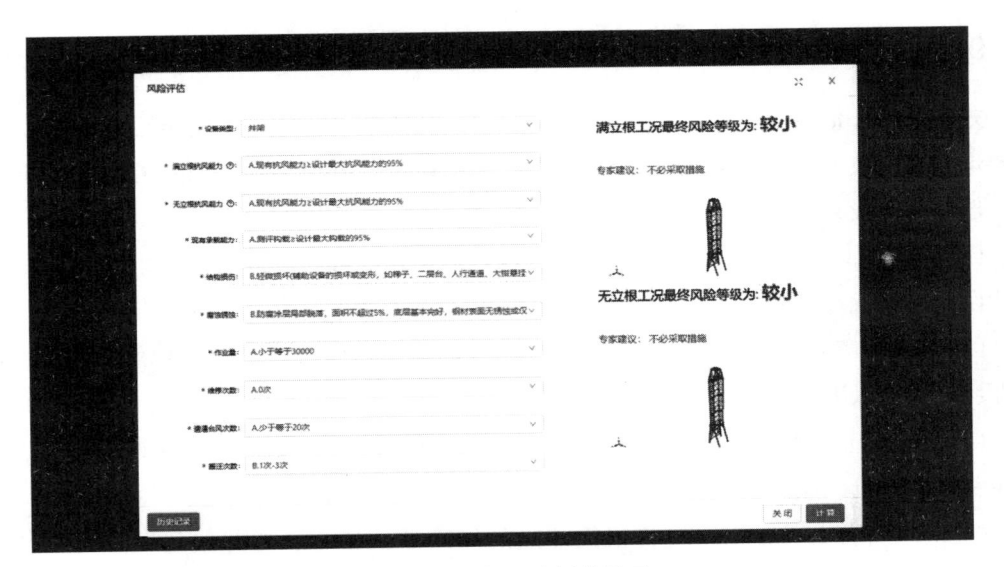

图 9-8　井架风险评估界面

9.3.5　台风分析评估

9.3.5.1　台风影响范围预警

通过台风影响范围预警系统，可以实时预测和展示台风对海上油气田设备实施的影响，海上油气田设备的管理者可以及时获得台风对其的影响预测（图 9-9），有效规划和实施风险管理措施。同时，该系统也可以帮助优化油气田的生产计划和设备维护安排，降低台风对生产和设备运行的不利影响，保障人员安全和设备的正常运行。

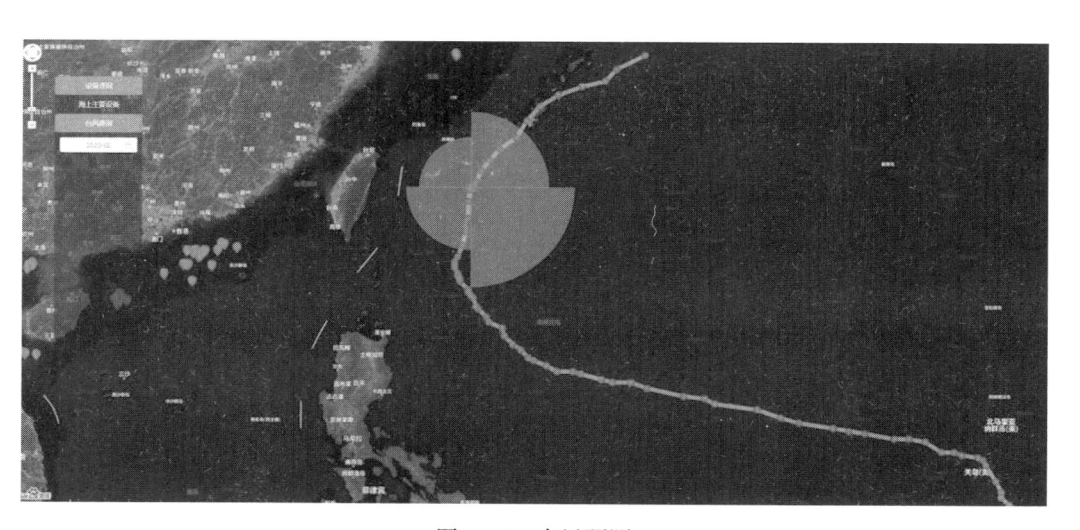

图9-9　台风预测

以下是该系统的主要成果功能和流程：

（1）数据获取和分析：系统会获取最新的台风数据，包括台风路径、强度、预计移动速度等。同时，还会获取海上油气田井架的相关数据，如位置、类型、抗风能力等。这些数据将用于进行预测和分析。

（2）台风路径预测：基于历史数据、气象模型和机器学习算法，系统将预测台风的路径。预测结果会显示在主界面的地图上，标注出台风的轨迹和可能的移动方向。

（3）影响范围预测：根据台风的强度、移动路径和油气田设备的位置信息，系统将预测台风对各个油气田设备实施的影响范围。包括风暴潮、风速、波高等因素的预测。预测结果将以图形化的方式显示在主界面的地图上，通过不同颜色或图标来表示影响程度。

（4）预警通知和提醒：系统会根据台风预测结果生成相应的预警通知。这些通知将发送给相关人员，如油气田管理者、设备操作人员等，以便及时采取必要的防护措施和应急预案。预警通知可以通过系统内部消息、电子邮件或手机短信等方式进行发送。

（5）灾害程度评估：系统结合实时台风数据和平台井架的特性，能够对台风对井架的影响程度进行灾害程度评估。通过分析风速、风向和风力等参数，并考虑井架的抗风能力，系统可以给出灾害程度的综合评估结果。在台风影响范围内的平台上，系统提供一键生成预测报告的功能。该报告能够提示有关部门，有关台风对平台设备实施影响程度的信息。通过对平台井架的受影响程度进行评估，有关部门可以及时采取相应的预防和应急措施，从而有效降低台风灾害带来的损失。

（6）实时监控和更新：系统具备实时监测和预警功能，能够及时感知台风的变化和动态。一旦台风发生变化，系统会自动更新相关数据，并及时向有关部门发送预警通知，以便及时调整预防和应急措施。这有助于提前做好台风防范和管理工作，减少灾害风险。

9.3.5.2 井架承受风载计算

海洋的风载数据的计算对于保证设备设施的安全性至关重要。如果风载计算不准确，可能会导致井架的强度分析不合理，从而增加井架在运营过程中的风险。系统对于获取准确的数据是非常重要的，因为计算的准确性完全依赖于输入数据的准确性。

为了提高井架在风载作用下的计算效率，结合 API 4F 标准，对纵轴倾角系数、最大设计风速、结构高度系数、局部风速、形状系数、投影面积、风力、阵风作用系数、遮蔽换算系数、风力求和、整体风载 11 项指标进行输入，最后算出风载数据。风载数据计算页面如图 9 - 10 所示。

图 9 - 10 风载数据计算页面

9.3.6 系统后台管理

后台管理系统旨在对海洋井架的相关信息进行管理和维护。以下是关于后台管理系统的详细说明：

（1）数据录入与管理：后台管理系统提供数据录入界面，管理员可以输入和管理井架的各种信息，包括设备名称、所属平台、位置、出产日期、抗风能力、维护记录等。系统会对数据进行存储和管理，确保数据的完整性和可靠性，如图 9 - 11 所示。

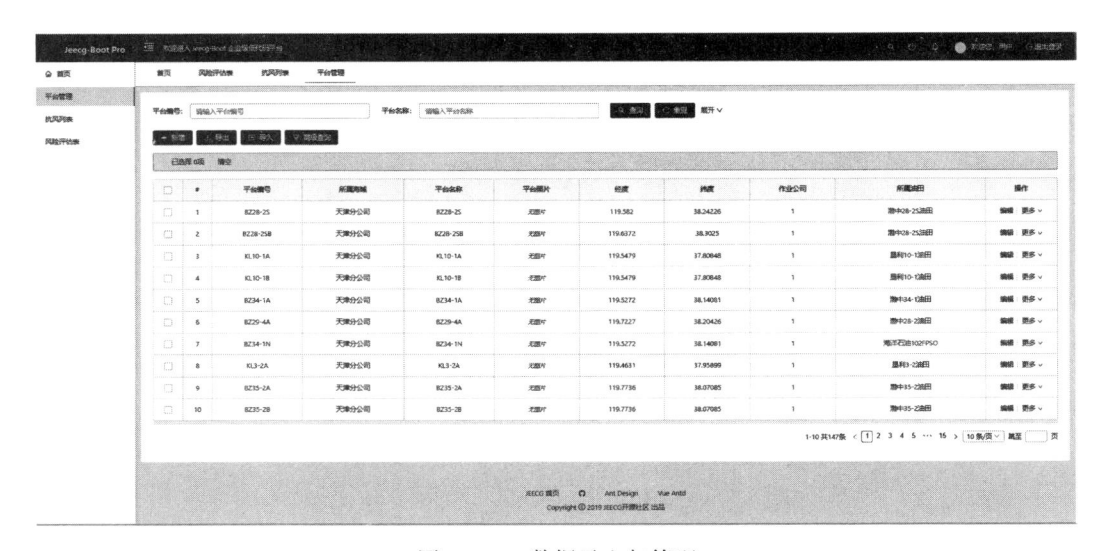

图 9 – 11　数据录入与管理

（2）设备信息查询：管理员可以通过后台管理系统进行井架信息的查询。系统提供多种查询条件，如井架名称、平台名称、位置等，以便管理员快速找到所需的设备信息。查询结果可以列表或图表形式展示，便于管理员进行查看和分析。

（3）设备状态监控：后台管理系统可以监控设备的运行状态和维护情况。通过设备传感器或其他监测设备获取实时数据，系统能够显示设备的运行状况、温度、压力等参数，并提供告警功能，以便管理员及时处理异常情况。

（4）维护计划与记录：后台管理系统支持维护计划的制定和记录。管理员可以创建维护计划并指定执行时间，系统会自动提醒管理员进行维护任务。管理员还可以记录维护过程和结果，以便后续查阅和分析。

（5）安全与权限管理：后台管理系统具有安全性和权限管理功能。管理员可以设定不同角色的权限，限制用户对数据的访问和操作。系统还提供日志记录和审计功能，以便跟踪管理操作和确保数据安全。

通过海上设备设施后台管理系统，管理员可以方便地录入、查询和管理海上设备设施的相关信息。这有助于实时监控设备状态、安排维护计划，并提供数据支持和决策依据。

9.4　本章小结

本章介绍了井架安全管控平台相关内容，该系统的建立对井架安全预警和风险评估提供了全面的信息资源，保障了信息的完整性和及时性，很大程度上将信息的利用率发挥到最大。该系统进一步完善了井架结构安全的信息，系统全面地建立了一套海洋井架安全管控技术体系，从而令井架安全管理更加高效。此外，系统关注了井架特殊的环境工况，包含台风相关模块，可以帮助井架管理单位做出合理的决策，提高防台风的效果。通过该套平台可有效提高井架安全风险评估及预警效率，实现井架安全风险评估及预警方式向数字化、智能化、可视化转型，促进井架安全管控技术发展。

10　井架安全运维技术展望

针对在役海洋井架安全现状评估，无论从表观情况还是结构承载能力方面，现有的检验检测及评估内容已足够覆盖。未来需要融合更多先进的技术手段提升相关工作的效率及数字化程度。

10.1　机器人巡检技术

2021年12月，工业和信息化部等十五部门联合印发《"十四五"机器人产业发展规划》的通知，明确指出，集聚优势资源，重点推进工业机器人、服务机器人、特种机器人重点产品的研制及应用，拓展机器人产品系列，提升性能。特种机器人研制主要是水下探测、监测、作业、深海矿产资源开发等水下机器人，消防、应急救援、安全巡检、海洋工业等危险环境作业机器人。2023年1月，工业和信息化部等十七部门印发《"机器人+"应用行动实施方案》的通知，明确指出，到2025年，聚焦10大应用重点领域，突破100种以上机器人应用技术，推广200个以上高技术机器人典型应用场景，研制能源行业建设、巡检、操作、维护、应急处置等机器人产品，推动高空、狭窄空间、强电磁场等复杂环境运动、感知、作业关键技术。2024年3月，中国海洋石油集团有限公司印发了《中国海油安全生产治本攻坚三年行动工作方案（2024—2026年）》的通知。明确继续扩大无人机智能巡检范围，实现每日全线智能巡检；逐步推进安全智能工厂、安全智慧电厂、安全智慧站场、安全智慧工地、安全智慧矿山、安全智慧铁路、安全智慧楼宇建设；加快推广涉及施工安全的智能技术产品。

目前，井架安全检测方式多为人工检测。但井架作为高耸钢结构，检测作业时通常需要借助脚手架、载人吊笼或蜘蛛人来进行。不过，这种常规检测方式工作量大、效率低、检测成本高；此外作业难度大，属于高危作业。随着机器人技术的不断进步，井架检测机器人为井架高空检测提供一种新途径。目前可适用于高空检测的机器人主要包括无人机和攀爬机器人两种方式。

10.1.1　无人机

无人机可以轻松进入高处或密闭空间，不会危及作业人员的安全。目前，工业无人机在石油和天然气、基础设施、海事及电力等领域均有探索应用。检测无人机配备了高清摄像头、超声传感器、数据采集设备和相关的装置，能够拍摄清晰的照片和视频并进行超声测厚检测。无人机可以在人员不方便到达或操作的空间进行精确的厚度测量，并支持高分辨率扫描。此外，多款无人机产品均搭建了远程数据处理平台，用户可以通过该平台远程操作无人机、获取实时数据和图像，并进行数据分析和处理，还可以实现点云实时建模构建空间 3D 模型。

现国内外主流搭载近观及无损检测的无人机产品如表 10 – 1 所示。其主要功能相似，但在续航能力、测厚方式(耦合或电磁式)等性能指标上各有优劣。4 家检测无人机产品如图 10 – 1 ~ 图 10 – 4 所示。

表 10 – 1　代表性无人机产品

序号	厂家	国家
1	SCOUTDI	挪威
2	Flyability	瑞士
3	Skygauge Robotics	加拿大
4	南京森思科技有限责任公司	中国

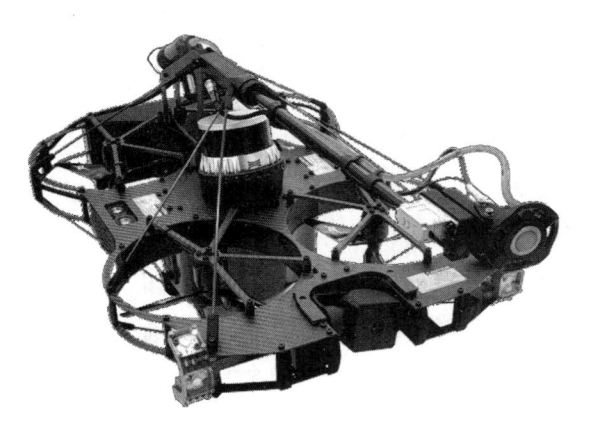

图 10 – 1　SCOUTDI 无人机产品

图 10 – 2　Flyability Elios 3 无人机产品

图10-3　Skygauge Robotics 高空超声无损检测无人机产品

(a)近观无人机　　　　　　　　　　　(b)测厚无人机

图 10-4　南京森思科技无人机产品

检测无人机工作流程主要分为三个部分：现场采集、飞行路线规划和后期分析。在检测高空结构之前，操作人员必须了解检测区域的周围环境有无障碍，以确保操作安全。当无人机在危险场所进行检测时，操作人员则应处在安全区域。

由此可见，无人机可为井架安全检验检测提供了一种快速、准确的方法，同时还降低了运营成本，大幅降低了作业风险。但受限于海洋平台钻修机环境特点，无人机在海洋井架的应用还有以下两个关键问题需要解决：一是海上高空风力强，无人机稳定性问题需要保证；二是无人机含有电机，电磁外泄不可避免，而井架处于一类危险区，如何做到无人机高级别防爆同样至关重要。

10.1.2　攀爬机器人

为了弥补人工检测的不足之处，行业内正在研究和制造能够攀爬塔架或储罐相关的攀爬机器人，携带检测设备，爬上高处对结构进行探伤检测，以代替人工检测。攀爬机器人行业虽然已经得到了快速的发展，但是攀爬机器人从研发、设计到出产，过于漫长，需要大量的时间去验证。国内外机构对于井架攀爬机器人的研究较为少见，目前还没有很成熟的产品可用在攀爬井架的实践中。

国内外针对攀爬机器人进行了大量的探索，首先研究的是攀爬机器人的结构设计，其决定着机器人的运动性能。结构设计主要有两个方面：一是机器人的运动方式，包括足式、轮式、轨道式、混合式等多种形式，最为常见的攀爬机器人是足式机器人，由于足数较多，运行较稳定，但控制难度也更高；二是机器人固定方式，主要包括吸盘式、磁吸式、夹持式等，这些结构设计各有优缺点，适用于各种不同的环境状况，其中磁吸式是运用比较广泛的静态固定方式，吸附力大，但受限于材料性质，只能运用在磁性材料表面。

针对井架攀爬机器人系统研究与开发，当前主要存在几个挑战：一是攀爬机器人在井架高空自主作业过程中，要具有在复杂环境下搭载设备平稳爬行的能力和灵活的故障诊断能力。二是井架与攀爬机器人的交互、匹配、融合、协作等，过程复杂，控制难度高，需要在任务调度、在线任务协作、空间规划、碰撞检测方面进行进一步的研究。三是需要实时、完整和准确地收集和整理井架攀爬机器人系统海量数据，如运行参数、过程参数、监控参数等，并在此基础上对这些数据进行结构化管理与分析预测，实现井架攀爬机器人的研发设计等持续性改进，做到后期运维检修的全生命周期数字化管控。

未来，可结合海洋在役井架结构形式调研分析结果，获取井架结构空间特点，进而指导攀爬机器人选型设计；根据井架隐患数据挖掘结论、井架高风险区应力分析和井架缺陷分析结果，可知井架服役期间缺陷特点，结合机器人结构特点，指导检测设备选型；最后将攀爬机器人和检测设备集成，实现井架智能安全巡检装备研发。

10.2　数字化技术

10.2.1　三维激光扫描技术

三维激光扫描也被称为激光雷达，是 GPS 以后测绘领域的新技术，该技术具有扫描速度快、非接触、精度高、实时性、数据量大、主动性强等特点，在灾害监测、变形监测等方面有成熟的应用。利用三维激光扫描仪对复杂的实体或实景进行三维点云数据的采集，并通过对点云数据的处理和分析，完成测绘数字产品生产、特征提取及三维模型重建等应用越来越成熟且应用前景广阔。

三维激光扫描技术的突出优势在于能够准确地完成对复杂地物的"实景复制"，重建出具有真实坐标的结构三维模型。三维激光扫描技术不同于单纯的测绘技术，其主要面向高精度的逆向三维建模及重构。三维激光扫描技术的应用是正向建模的对称应用，逆向建模可以对设计、生产、使用中的变化内容进行重构、生成模型，然后进行各种改造设计、结构分析。

目前在海洋石油工程中，三维激光扫描技术主要应用在以下几方面：

(1)结构的三维重构、三维存档、三维可视化管理；

(2)结构的二次设计、改造设计，结构的模拟及评估，结构特性分析及逆向反求，校核正向设计；

（3）结构改造工程中的工程布局规划，吊装、装配，管道布置等方案评估、校核；

（4）结构的变形检测、监测，强度分析、静动力分析、加载分析、碰撞试验。结构的二维制图复原，如针对老旧设施、数据缺损的设施、老化变形的设施等。

三维激光扫描技术是非接触测量，能够对危险区域和人员不便（或禁止）接近的区域进行测量。该技术扩大了测量范围，可按照 1∶1 比例，3D 立体全景复制还原海上平台实貌（图 10 - 5），突破了二层甲板以上等区域人工无法测量的限制。对平台设备设施进行改造、维修、现状评估等工作，常规做法需要花费大量的时间对设备及附属设施进行全面的了解，掌握相关图纸和数据。而运用三维激光扫描技术将大大提高工作效率，减少工期。

图 10 - 5　某平台三维点云正射影像

随着海洋井架服役年限持续增加，部分服役年限超过 30 年的井架原始设计文件及过程资料不够齐全。为获取井架结构现有真实数据，如若采用常规的人工测绘，工作量较大且有一定误差，因此三维激光扫描技术为高效、高精度井架测绘提供了方向。通过对海洋井架进行数字化扫描、测量，借助三维扫描技术提供的精确数据，不但可以直接扫描出明显结构变形等缺陷，还可以将扫描出来的三维图形导入有限元软件进行计算分析，大幅提高在役井架评估的数字化水平。

10.2.2　数字孪生技术

数字孪生是充分利用物理模型、传感器更新、运行历史等数据，集成多学科、多物理量、多尺度、多概率的仿真，从而反映相对应实体的全生命周期过程。通过构建物理实体所对应的数字孪生模型，进行可视化、调试、体验、分析与优化，从而提升物理实体性能和运行绩效的综合性技术策略。典型数字孪生技术构架如图 10 - 6 所示。

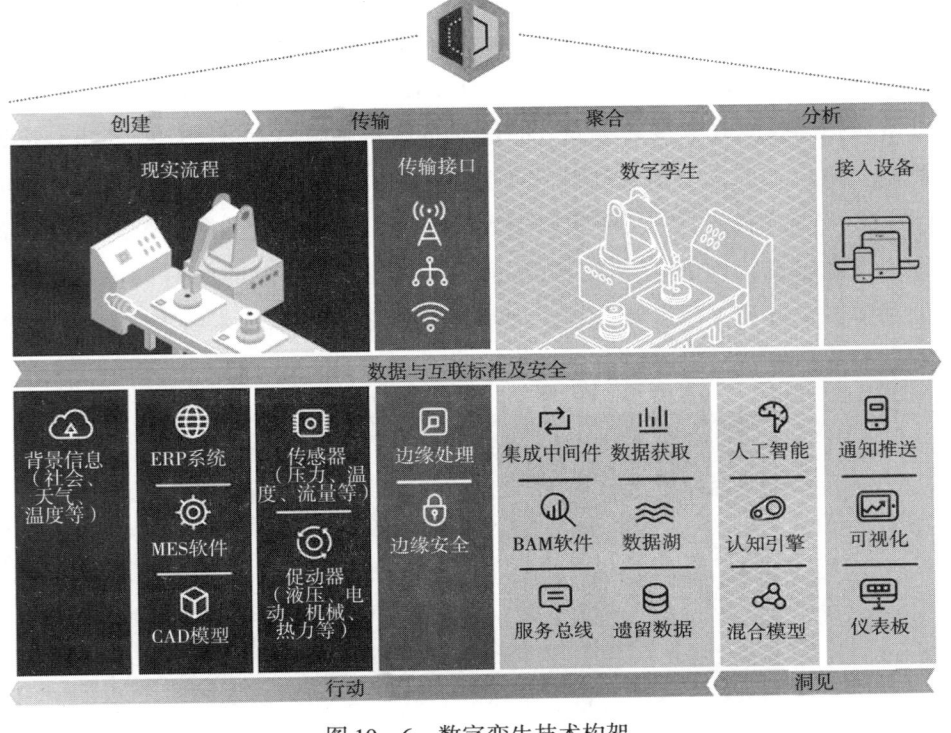

图 10 - 6　数字孪生技术构架

传统的三维数字技术在油气行业的应用，存在与现实状态缺乏深层次联动的不足，进而在响应、交互、应用、展示等方面产生系列问题。中国海油自主研发的数字孪生三维引擎聚焦自有业务的深挖和生态圈的构建，建立集团级的数字孪生平台，实现数据的整合和全业务链的打通，为油气田的数字化、智能化建设在计算分析、虚拟现实联动、模拟仿真等方面提供更优质的数据及技术支持服务，为海上油气田的提质稳产保驾护航。

作为智能油田、海油云、数据湖、EDIS 系统"能力"建设的关键组件，其承载了上百个大型海上设施的三维数据，在不同类型的海上设施得到了成功应用，为实现"智能工程、智慧产业链、智能运维"提供有力支撑。某海上智能油田展示界面如图 10 - 7 所示。

现阶段，数字孪生技术用于海上智能油田建设尚处于发展初期，但该技术在海上智能油田建设中具有较高的应用价值，实现海上智能油田建设全面应用是行业的必然发展趋势，为此应重视数字孪生技术的研究，不断探索在海上智能油田建设中运用数字孪生技术的方式。一是解决传感器应用成本高的问题，优化相关传感器的结构，简化升级传感器的难度，提升采集信息的准确性。二是使用设备的整体性逐渐提升，优化设备的性能，使设备的功能更丰富，为数字孪生技术应用打造完善的平台，扩大数字孪生技术的作用范围，实现对海上智能油田建设各区域的监测，获取更全面的数据信息，构建完整的虚拟模型。三是将其他先进技术用于海上智能油田建设，与数字孪生技术相互配合，实现智能技术的系统化应用，为海上智能油田建设工作开展采集更多数据，采取多种方式挖掘数据的利用价值，发挥数字孪生技术的作用，提高建设质量。

图 10 - 7 海上智能油田

目前，海上智能油田主要有以下七大功能场景。

（1）多源数据解析融合

实现多格式、多来源模型的轻量化解析与优化，实现三维模型与一维/二维数据的融合与联动可视化，支撑协同设计应用。

（2）三维模型浏览审阅

三维引擎提供高保真、高流畅的三维模型浏览体验。在不依赖原设计工具的条件下，能够解析浏览多种三维模型格式，同时提供丰富的三维模型审阅工具，支持多人协同审阅。三维模型浏览审阅视图见图 10 - 8。

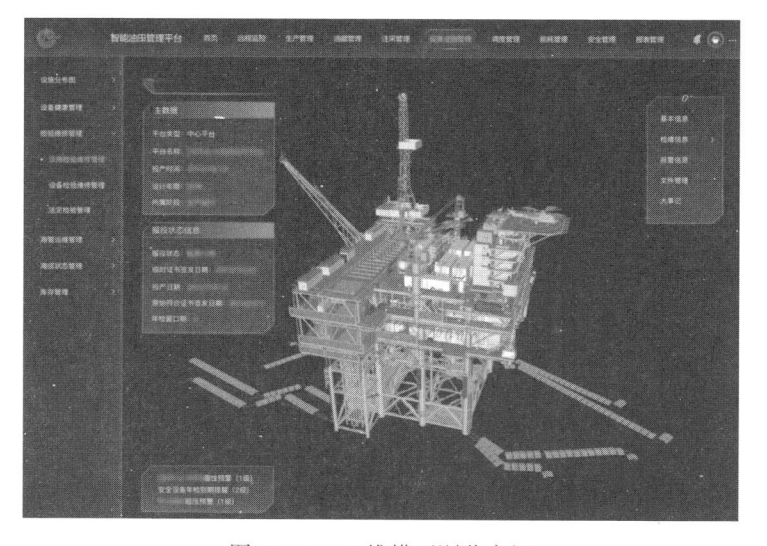

图 10 - 8 三维模型浏览审阅

（3）点云模型管理与应用

实现了对大型生产设施高精度点云模型的高性能在线处理、优化、浏览，并能够对高精度点云模型进行增量式回归管理，将点云模型运用到设计方案论证、施工方案模拟与优化、现场技术交底等业务环节，充分发挥高精度点云模型的价值。

（4）数字化交付

基于海油数字化交付标准，开发数据采集工具，实现模型与数据、图纸的关联，支持数字化交付业务。

（5）三维综合信息驾驶舱

通过将三维可视化与动静态数据相融合，构建了适应多种业务场景的综合信息驾驶舱，包括：4D 状态展示、工厂运行实时数据集成可视化、报警数据集成可视化、监控视频可视化融合、设施设备可视化台账等。

（6）三维仿真模拟

通过将三维可视化与工艺、设备机理模型相融合，构建了多种三维仿真模拟应用，例如工艺流程三维模拟、三维虚实联动、三维设备拆解等。

（7）工业设计软件

基于三维引擎，可以开发更多专业化工业设计软件。例如，三维智能管道深度加工设计工具，改变以往在二维图纸基础上手工拆管的方式，采用以三维的方式结合标准管段库实现智能化拆管，极大地提高了工作效率。

如前所述数字孪生的关键技术主要有：多领域多尺度融合建模、数据采集和传输技术、VR 呈现、高性能计算、数据驱动与物理模型融合的状态评估、全生命周期数据管理等方面。其中，建模是数字孪生的基础技术，这里就需要数字孪生三维引擎来实现。其能够为大型资产设施提供所见即所得的可视化底座，服务于智能油气田全生命周期数字孪生建设，在物理设施与数字世界之间全面建立对象映射、仿真、可视化能力。某海上平台数字孪生模型如图 10-9 所示。

图 10-9 海洋平台数字孪生模型

由此可见，数字孪生技术在智慧油田中有出色的应用效果。海洋井架作为油田设备设施的重要作业模块，可通过数字孪生技术，实现智能诊断，包括井架实时状态监测、预知性维修、自动诊断预警等。

10.3 本章小结

本章中，基于井架检验检测及评估评价需求，对相关新技术进行了介绍和展望。其中井架安全检验检测可借助机器人技术，未来可重点研究无人机及攀爬机器人在井架检测中的应用，提高高空巡检作业效率及安全性；针对在役井架评估评价及安全运维，可充分利用三维激光扫描和数字孪生等数字化技术，提高井架数据管控的数字化、智能化水平。

附录 井架作业安全分析表(JSA)

附录1 移井架作业

移井架作业 JSA 如附表 1 所示。

附表 1 移井架作业 JSA

序号	作业步骤	危险因素	后果及影响	控制措施	负责人
1	作业前召开安全会议	操作规程不规范	人员伤害；设备损坏；环境污染	(1)对作业人员进行安全培训，使其了解移井架作业安全知识； (2)工作交代清楚，人员分工要明确，各岗明白指令和明确任务	
2	作业前取得《工作许可证》	辨识功能缺陷	人员伤害；设备损坏；环境污染	《工作许可证》必须有有关人员的签名，以确认能否作业	
3	检查确认泵站、管线、液缸、棘爪等设备设施	设备、设施、工具、附件缺陷	人员伤害；设备损坏；环境污染	(1)认真检查移动设施有无裂痕、开焊、松动等； (2)明确责任人，运转试验，确认管线是否完好； (3)做好防污染预案	
4	移井架前拆除钻台右舷踏板，清理场地、滑道；涂抹润滑油	指挥错误；操作错误；监护失误；作业场地狭窄	人员伤害；设备损坏	(1)提前将影响移井架的栏杆拔掉，移除钻台踏板，清理物品，安排专人看护； (2)理顺或拆掉凌乱和长度不够的管线； (3)提前清除滑道杂物，铲掉油垢锈蚀，均匀涂油； (4)确认泥浆槽状态，将井口区防喷器吊、管线、张力器钢丝绳等收回复位	
5	吊起坡道	指挥错误；操作错误；监护失误；作业场地狭窄	人员伤害；设备损坏	(1)确认坡道铰链是否可靠； (2)吊起坡道，挂好吊绳	

序号	作业步骤	危险因素	后果及影响	控制措施	负责人
6	移井架	指挥错误； 操作错误； 监护失误； 作业场地狭窄	人员伤害； 设备损坏	（1）按照安全会的明确分工，统一组织调配，遇到问题及时喊停，处理； （2）严格执行井架移动装置的操作保养规程； （3）提前清走障碍物； （4）移动油缸的液控管线不能打扭，移动时安排专人看护； （5）检查泥浆罐上的堆放物，物体的高度不能高于上底座，检查修井机是否与平台吊车磕碰； （6）固定修井机上易松动或易掉落物品； （7）移动前专人确认 BOP 是否拉起至合适高度，并确保 BOP 控制管线不影响移井架作业； （8）注意梯子、滑道在井架移动时同步，小心掉落； （9）移井架时安排好监护人，操作者要注意泵压及监测系统温度。棘爪处专人观察，及时沟通	
7	结束作业	防护缺陷	人员伤害	（1）井架到位后，及时插上固定销，锁好安全链等安全防护设施； （2）对所有拆除栏杆及时恢复	

附录 2　井架工二层台作业

井架工二层台作业 JSA 如附表 2 所示。

附表 2　井架工二层台作业 JSA

序号	作业步骤	危险因素	后果及影响	控制措施	负责人
1	作业前召开安全会议	操作规程不规范	人员伤害； 设备损坏； 环境污染	（1）对作业人员进行安全培训，使其了解高空作业安全知识； （2）工作交代清楚，人员分工要明确，各岗明白指令和明确任务	
2	作业前取得《工作许可证》	辨识功能缺陷	人员伤害； 设备损坏； 环境污染	《工作许可证》必须有有关人员的签名，以确认能否作业	

序号	作业步骤	危险因素	后果及影响	控制措施	负责人
3	上井架	操作错误；防护缺陷；恶劣气候与环境；作业场所和交通设施湿滑；脚手架、阶梯和活动梯架缺陷	人员伤害	(1)系好安全带并正确使用；(2)检查工鞋的状况，保证防滑；(3)检查梯子的横杠，不能被黄油、钻井液等沾污；(4)井架梯子不允许两人或两人以上同时登梯；(5)登上二层台后关闭梯子门	
4	作业准备	操作错误；设备、设施、工具、附件缺陷；防护缺陷；作业场地狭窄；作业场地杂乱	人员伤害	(1)检查井架和猴台周围环境；(2)检查防护设备，调节坠落保护器，检查所有安全绳索；(3)检查操作工具，所有二层台用具须有安全绳，避免发生高空落物	
5	二层台作业	操作错误；设备、设施、工具、附件缺陷；防护缺陷；作业场地狭窄；作业场地杂乱	人员伤害；设备损坏	(1)检查松动齿轮，如螺栓、铆钉等；(2)吊卡上来时，手要放在钻杆后面，若钻杆没进入吊卡，让其自然运动，不要设法去抓；(3)当排放钻杆或钻铤时，注意在横梁处可能造成手部伤害	
6	下井架	操作错误；防护缺陷；恶劣气候与环境；作业场所和交通设施湿滑；脚手架、阶梯和活动梯架缺陷	人员伤害	(1)随时检查井架梯子状况，穿戴好防坠落装置；(2)人员攀爬过程中手抓牢，脚踩实，一步一个台阶	
7	结束作业	设备、设施、工具、附件缺陷；防护缺陷	人员伤害	(1)整理安全带并挂固定区域，解除警示带隔离；(2)关闭许可证，关闭登井架及安全带检查记录	

附录3　井架使用维保

井架使用维保JSA如附表3所示。

附表3　井架使用维保JSA

序号	作业步骤	危险因素	后果及影响	控制措施	负责人
1	作业前召开安全会议	操作规程不规范	人员伤害；设备损坏；环境污染	(1)对作业人员进行安全培训，使其了解高空作业安全知识； (2)工作交代清楚，人员分工要明确，各岗明白指令和明确任务	
2	作业前取得《工作许可证》	辨识功能缺陷	人员伤害；设备损坏；环境污染	《工作许可证》必须有有关人员的签名，以确认能否作业	
3	作业前准备	设备、设施、工具、附件缺陷；防护缺陷	人员伤害	(1)检查气动绞车等工具； (2)作业期间用警示带封闭工作区域，无关人员禁止进入作业区域； (3)提前检查安全带附件齐全和完好	
4	上井架	操作错误；防护缺陷；恶劣气候与环境；作业场所和交通设施湿滑；脚手架、阶梯和活动梯架缺陷	人员伤害	(1)系好安全带并正确使用； (2)检查工鞋的状况，保证防滑； (3)检查梯子的横杠，不能被黄油、钻井液等沾污； (4)井架梯子不允许两人或两人以上同时登梯； (5)人员攀爬过程中注意抓牢，移动过程中注意站位和保持身体的平衡	
5	检查防坠落装置	设备、设施、工具、附件缺陷；防护缺陷	人员伤害	(1)安全带高挂低用并系好，选择合适的挂点； (2)检查试验用力范围内无障碍物；用力能够试验出防坠落装置性能即可	
6	井架清洁保养刷漆	设备、设施、工具、附件缺陷；防护缺陷；作业场地狭窄	人员伤害；环境污染	(1)作业过程中注意工具的防护； (2)确保人员站稳后，方可作业，工具等系好尾绳； (3)油漆桶固定好，防止油漆洒落	
7	下井架	操作错误；防护缺陷；恶劣气候与环境；作业场所和交通设施湿滑；脚手架、阶梯和活动梯架缺陷	人员伤害	(1)随时检查井架梯子状况，穿戴好防坠落装置； (2)人员攀爬过程中手抓牢，脚踩实，一步一个台阶；	
8	结束作业	设备、设施、工具、附件缺陷；防护缺陷	人员伤害	(1)工作完成后及时收回工具，并清点数目，确保工具都清除； (2)整理安全带并挂固定区域，解除警示带隔离； (3)关闭许可证，关闭登井架及安全带检查记录	

附录4   井架检验检测

井架检验检测 JSA 如附表 4 所示。

附表4   井架检验检测 JSA

序号	作业步骤	危险因素	后果及影响	控制措施	负责人
1	作业前召开安全会议	操作规程不规范	人员伤害；设备损坏；环境污染	(1)对作业人员进行安全培训，使其了解高空作业安全知识； (2)工作交代清楚，人员分工要明确，各岗明白指令和明确任务	
2	作业前取得《工作许可证》	辨识功能缺陷	人员伤害；设备损坏；环境污染	《工作许可证》必须有有关人员的签名，以确认能否作业	
3	作业前准备	设备、设施、工具、附件缺陷；防护缺陷	人员伤害	(1)清理施工场地的油污，准备作业物品； (2)作业前观察天气状况，大风、雨雪天气禁止高空作业； (3)身体不适人员不得参与任何作业	
4	井架外观检查	防护缺陷；作业场地狭窄	人员伤害	(1)穿戴完整的防护用品，注意力高度集中； (2)上井架前检查安全带及防坠器，保证符合要求再作业； (3)高空作业时系安全带，正确使用防坠器，并有人防护协作； (4)带上井架的检查工具，系好尾绳，做好防坠落措施； (5)作业区域拉警示带，无关人员禁止进入	
5	超声波壁厚检测	防护缺陷；作业场地狭窄	人员伤害；设备损坏	(1)上下井架时人员携带工具作相对固定，人员手要抓牢，脚要踩稳； (2)仪器由绳索系在井架或底座横杆，确保传感器不会发生高空坠落； (3)随时观察天气变化	
6	对天车底座及支撑主要受力点进行打磨除锈	设备、设施、工具、附件缺陷；防护缺陷；作业场地狭窄	人员伤害；设备损坏	(1)在登高时穿戴安全带并挂好防坠器； (2)打磨人员佩戴好耳塞、口罩及面罩； (3)砂轮机使用前应检查电源线和保护装置的完好； (4)由电工确认线滚子、用电设备完好； (5)登高人员佩戴安全带且登高时派专人监护，无关人员不得进入危险区域，监护人不得在正下方； (6)专人检测气体含量随时记录，并准备灭火器，砂轮机要防止过载使用	

续表

序号	作业步骤	危险因素	后果及影响	控制措施	负责人
7	对井架进行探伤	设备、设施、工具、附件缺陷；防护缺陷；作业场地狭窄	人员伤害；设备损坏	（1）登高人员佩戴安全带且登高时派专人监护，无关人员不得进入危险区域，监护人不得在正下方；（2）探伤设备要做好防坠落措施	
8	检测后在相应部位补喷相应颜色的油漆	设备、设施、工具、附件缺陷；防护缺陷；作业场地狭窄	人员伤害；设备损坏；环境污染	（1）补漆时操作人员应佩戴口罩且站在上风口；（2）油漆桶固定好，防止油漆洒落	
9	下井架	操作错误；防护缺陷；恶劣气候与环境；作业场所和交通设施湿滑；脚手架、阶梯和活动梯架缺陷	人员伤害	（1）随时检查井架梯子状况，穿戴好防坠装置；（2）人员攀爬过程中手抓牢，脚踩实，一步一个台阶	
10	结束作业	设备、设施、工具、附件缺陷；防护缺陷	人员伤害	（1）工作完成后及时收回工具，并清点数目，确保工具都清除；（2）整理安全带并挂固定区域，解除警示带隔离；（3）关闭许可证，关闭登井架及安全带检查记录	

附录5　井架应力测试

井架应力测试 JSA 如附表5所示。

附表5　井架应力测试 JSA

序号	作业步骤	危险因素	后果及影响	控制措施	负责人
1	作业前召开安全会议	操作规程不规范	人员伤害；设备损坏；环境污染	（1）对作业人员进行安全培训，使其了解高空作业安全知识；（2）工作交代清楚，人员分工要明确，各岗明白指令和明确任务	
2	作业前取得《工作许可证》	辨识功能缺陷	人员伤害；设备损坏；环境污染	《工作许可证》必须有有关人员的签名，以确认能否作业	
3	查看井架场地	作业场地狭窄；作业场地杂乱	人员伤害	（1）作业前准备、查看机具；（2）穿戴完整的防护用品，注意力高度集中	

序号	作业步骤	危险因素	后果及影响	控制措施	负责人
4	加载工装安装	设备、设施、工具、附件缺陷；防护缺陷；作业场所和交通设施湿滑；作业场地狭窄；作业场地杂乱	人员伤害；设备损坏	(1) 作业区域拉警示带，无关人员禁止进入； (2) 为保证加载时转盘梁能满足承载力要求，要在现场作业前与维保队(修井队)进行核实，在满足空间尺寸的条件下将工装安放在主承载梁上； (3) 穿戴完整的防护用品，注意力高度集中； (4) 气动小绞车在启动前必须检查运转是否正常； (5) 绞车操作人员必须熟悉吊车的操作规程和安全规定； (6) 选择合适的卸扣和钢丝绳，检查吊耳、卸扣和钢丝绳； (7) 吊装作业时严禁吊臂下站人； (8) 控制好上下起吊、左右摆动速度； (9) 使用牵引绳等进行推拉作业； (10) 绞车操作人员须注视货物的移动空间、周围环境空间； (11) 使用气动绞车严禁用手扶钢丝绳； (12) 安装工装时，人员要注意站位，同时要观察好周围环境，做到险情出现时有路可退	
5	打磨，贴应变片，连接设备	设备、设施、工具、附件缺陷；防护缺陷；作业场所和交通设施湿滑；作业场地狭窄；作业场地杂乱	人员伤害；设备损坏	(1) 正确使用角磨机，避免接触身体受伤，更换砂轮片时要先将动力源切断，然后再更换； (2) 所使用的工具、配电盘必须经过专业电气人员检测，避免触电； (3) 所使用的工具必须经过专业电气人员检测； (4) 电源接拆由专人操作，严禁私自扯拉电源线，电源线固定牢固； (5) 气管线应上紧卡子并装好防脱链，防止漏气或脱开； (6) 使用前检查确认障碍排除，使用中注意监控电线状态； (7) 清除打磨现场周围 5m 范围内易燃物品； (8) 专人监护，准备足够的消防工具、灭火器； (9) 测爆仪 2 台放置现场，每 30min 记录一次可燃气体含量； (10) 监火员巡检周围有无残留火星，及时浇灭；	

序号	作业步骤	危险因素	后果及影响	控制措施	负责人
5	打磨，贴应变片，连接设备	设备、设施、工具、附件缺陷；防护缺陷；作业场所和交通设施湿滑；作业场地狭窄；作业场地杂乱	人员伤害；设备损坏	（11）现场监火员在作业结束后要继续观察30min，确认无任何隐患后再离开；（12）固定传感器采取先固定传感器导线再粘接传感器的步骤进行，确保传感器不会发生高空坠落；（13）所有的工具、设备要做好固定，系好尾绳，做好防坠落保护；（14）随时观察天气变化	
6	分段加载测试	指挥错误；操作错误；设备、设施、工具、附件缺陷；防护缺陷	人员伤害；设备损坏	（1）穿戴完整的防护用品，注意力高度集中；（2）作业区域拉警示带，无关人员禁止进入；（3）严格按照施工方案进行加载	
7	结束作业	设备、设施、工具、附件缺陷；防护缺陷	人员伤害	（1）工作完成后及时收回工具，并清点数目，确保工具都清除；（2）整理安全带并挂固定区域，解除警示带隔离；（3）关闭许可证，关闭登井架及安全带检查记录	

附录 6　井架收放测试

井架收放测试 JSA 如附表 6 所示。

附表 6　井架收放测试 JSA

序号	作业步骤	危险因素	后果及影响	控制措施	负责人
1	作业前召开安全会议	操作规程不规范	人员伤害；设备损坏；环境污染	（1）对作业人员进行安全培训，使其了解高空作业安全知识；（2）工作交代清楚，人员分工要明确，各岗明白指令和明确任务	
2	作业前取得《工作许可证》	辨识功能缺陷	人员伤害；设备损坏；环境污染	《工作许可证》必须有有关人员的签名，以确认能否作业	
3	起放井架前准备	设备、设施、工具、附件缺陷；防护缺陷	人员伤害；设备损坏；环境污染	（1）操作人员劳保穿戴齐全；（2）作业期间用警示带封闭工作区域，无关人员禁止进入作业区域；（3）检查井架上不得有异物；井架上各连接部件、紧固件齐全、完好、紧固、可靠；	

序号	作业步骤	危险因素	后果及影响	控制措施	负责人
3	起放井架前准备	设备、设施、工具、附件缺陷；防护缺陷	人员伤害；设备损坏；环境污染	(4)将快绳及死绳从井架上的挂钩内移出。检查游动系统大绳和液压小绞车钢丝绳应无挂连卡阻现象，以及无断丝、扭结、压扁或其他损坏而造成钢丝绳结构变形现象，检查二层台撑杆连接是否可靠； (5)检查井架上的照明线路、灯具是否齐全完好，安装规范。井架起放和伸缩前，均须摘开井架照明电路防爆开关； (6)井架起放前应对液、气路进行检测，确保无渗漏现象； (7)井架在起放和伸缩前，应对液压系统进行排气；只有在确认液路中无气体时才能起放和伸缩井架； (8)井架和钻台上无影响司钻操作和视线的障碍物	
4	起升井架	指挥错误；操作错误；监护失误；设备、设施、工具、附件缺陷；防护缺陷；恶劣气候与环境	人员伤害；设备损坏	(1)操作人员专人指挥，做好沟通配合； (2)井架在起升过程中，随时注意液压表指针变化情况，若压力表陡然升高，则说明有卡阻或牵挂现象，待排除故障后才能进行下一步操作； (3)起升时，要及时松开低位刹车，使大绳和小绞车钢丝绳不要绷得太紧，以免给起升井架造成困难； (4)起升状态应平稳，严禁突然刹车或加速； (5)井架起升后如长期不放倒，需在伸出活塞表面涂润滑脂，最好能用保护套将其护住	
5	井架上体伸出	指挥错误；操作错误；监护失误；设备、设施、工具、附件缺陷；防护缺陷；恶劣气候与环境	人员伤害；设备损坏	(1)操作人员专人指挥，做好沟通配合； (2)操作伸出井架上体前，首先安装井架前支撑，确保井架固定牢靠； (3)井架在起升过程中，随时注意液压表指针变化情况，若压力表陡然升高，则说明有卡阻或牵挂现象，待排除故障后才能进行下一步操作； (4)井架上体伸缩时，井架上及井架前后侧不得有闲杂人等。上下井架人员必须注意防滑及人身安全； (5)在伸出井架上体的同时，应注意操作绞车，使游车大钩接近钻台面； (6)井架上体伸出后，如长期不用，请将上体收回在下体内，以防台风	

续表

序号	作业步骤	危险因素	后果及影响	控制措施	负责人
6	井架上体收缩	指挥错误；操作错误；监护失误；设备、设施、工具、附件缺陷；防护缺陷；恶劣气候与环境	人员伤害；设备损坏	（1）操作人员专人指挥，做好沟通配合；（2）井架上体的缩回操作顺序与伸出顺序基本相反；（3）在井架上体收回的过程中应始终操作绞车使游车大钩处于合适位置，井架上体完全缩回后，如井架不放倒，大钩应靠近钻台面并固定。如井架需放倒，则使其置于大钩托架位置	
7	井架放倒	指挥错误；操作错误；监护失误；设备、设施、工具、附件缺陷；防护缺陷；恶劣气候与环境	人员伤害；设备损坏	（1）操作人员专人指挥，做好沟通配合；（2）井架放倒过程中，随时注意液压表指针变化情况，若压力陡然升高则说明有卡阻或挂牵现象，待故障排除后才能进行下一步操作；（3）在井架放倒过程中，仍需操作绞车使大钩能够平躺在大钩托架上；（4）在井架上体缩回和井架放倒的过程中，发动机可总速运转，但不允许发动机熄火	
8	结束作业	设备、设施、工具、附件缺陷；防护缺陷	人员伤害	（1）工作完成后及时收回工具，并清点数目，确保工具都清除；（2）解除警示带隔离	

参考文献

[1] 国家能源局. 石油钻机和修井机井架承载能力检测评定方法及分级规范：SY/T 6326—2019[S]. 北京：石油工业出版社，2019.

[2] American Petroleum Institute. Specification for drilling and well servicing structures. API Spec 4F—2020[S]. Washington：API Publications，2020.

[3] American Petroleum Institute. Operation，inspection，maintenance，and repair of drilling and well servicing structures. API RP 4G—2020[S]. Washington：API Publications，2020.

[4] 中华人民共和国国家质量监督检验检疫总局. 海上石油固定平台模块钻机　第1部分：设计. GB/T 29549.1—2013[S]. 北京：中国标准出版社，2013.

[5] 国家能源局. 海洋修井机：SY/T 6803—2016[S]. 北京：石油工业出版社，2017.

[6] 国家能源局. 海洋钻井装置作业前检验规范：SY/T 10025—2016[S]. 北京：石油工业出版社，2017.

[7] 中国海洋石油集团有限公司. 海上石油平台修井机规范：Q/HS 2007—2019[S]. 北京：石油工业出版社，2020.

[8] 廖谟圣. 海洋石油钻采工程技术与设备[M]. 北京：中国石化出版社，2010.

[9] 杨进. 海洋钻完井装备/中国石油大学北京学术专著系列[M]. 北京：科学出版社，2020.

[10] 海洋石油工程设计指南编委会. 海洋石油工程设计指南2 海洋石油工程机械与设备设计（第二册）[M]. 北京：石油工业出版社，2007.

[11] 董星亮，曹式敬，唐海雄，等. 海洋钻井手册[M]. 北京：石油工业出版社，2011.

[12] 张士超，陈小伟. 海洋模块钻机提升系统驻厂监造典型问题整改分析[J]. 设备监理，2022（70）：26-30.

[13] 张冠军. 石油钻采装备金属材料手册[M]. 北京：石油工业出版社，2016.

[14] 石油装备质量检验编写组. 中国石油天然气集团公司质量检验丛书：石油装备质量检验[M]. 北京：石油工业出版社，2017.

[15] 张士超，黄儒康，时永刚，等. 海洋油气钻采设备质量控制[M]. 北京：中国石化出版社，2024.

[16] 聂炳林. 海洋石油专业设备检测技术与完整性管理[M]. 北京：中国石化出版社，2013.

[17] 方太安，熊育坤. 石油钻机维护保养手册[M]. 北京：石油工业出版社，2017.

[18] 侯广平，党民侠. 钻井和修井井架、底座、天车设计[M]. 北京：石油工业出版社，2021.

[19] 苏一凡. 海洋石油修井机设计[M]. 北京：石油工业出版社，2016.

[20] 夏纪真. 无损检测导论[M]. 2版. 广州：中山大学出版社，2016.

[21] 孙训方，方孝淑，关来泰. 材料力学[M]. 6版. 北京：高等教育出版社，2019.

[22] 曹庆贵. 安全评价[M]. 北京：机械工业出版社，2017.

[23] 段礼祥. 油气装备安全技术[M]. 北京：石油工业出版社，2017.

[24] 马庆春，段庆全，张来斌. 油气生产安全评价[M]. 北京：石油工业出版社，2018.

[25] 刘冬，邹龙庆，潘海珠，等. 井架结构的疲劳寿命预测及承载试验研究[J]. 机床与液压，2020，48

（19）：31 - 33.

［26］张士超，曹义威，王鹏，等．井架结构裂纹风险分析及修复后安全评估［J］．中国海洋平台，2021，36（2）：96 - 100.

［27］吕涛，徐长航，陈国明，等．海洋钻修机井架安全承载实时监测预警系统研发与应用［J］．中国海上油气，2019，31（5）：167 - 174.

［28］吴寒．井架承载能力在线测试与钩载监控技术研究［J］．石油机械，2020，48（12）：23 - 26.

［29］朱本瑞，陈国明，康健，等．海洋钻修机模块结构耐久性评估［J］．石油机械，2013，41（2）：61 - 65.

［30］叶剑．海洋钻修机模块结构完整性评估技术研究与实践［J］．中国修船，2019，32（6）：38 - 42.

［31］中华人民共和国住房和城乡建设部．高耸与复杂钢结构检测与鉴定标准：GB 51008—2016［S］．北京：中国计划出版社，2016.

［32］中华人民共和国住房和城乡建设部．高耸结构设计标准：GB 50135—2019［S］．北京：中国计划出版社，2019.

［33］张士超，陈小伟，葛伟凤，等．海洋油气钻采装备安全评估［M］．北京：中国石化出版社，2023.

［34］刘念．含微损伤石油井架风振响应及抗风安全性分析［D］．秦皇岛：燕山大学．2021.

［35］孙巧雷，靳祖文，王健刚，等．基于API标准的HXJ180海洋修井机作业强度分析［J］．石油机械，2022，50（11）：58 - 65，72.

［36］吕涛，徐长航，陈国明，等．海洋钻修机井架安全承载实时监测预警系统研发与应用［J］．中国海上油气，2019，31（5）：167 - 174.

［37］吴寒．井架承载能力在线测试与钩载监控技术研究［J］．石油机械，2020，48（12）：23 - 26.

［38］安伟，等．海上油气田防台历程与实践［M］．北京：海洋出版社，2022.

［39］高凯．损伤石油井架在设计风载下的安全评估［D］．秦皇岛：燕山大学．2017.

［40］张士超，李建伟，陈小伟，等．海洋钻修机井架安全等级模糊综合评价［J］．船舶工程，2023，45（8）：148 - 153.

［41］王正林．基于三维激光扫描的储罐点云拼接与分割方法研究［D］．北京：中国石油大学（北京）．2023.

［42］张好林，杨传书，李昌盛，等．钻井数字孪生系统设计与研发实践［J］．石油钻探技术，2023，51（3）：58 - 65.